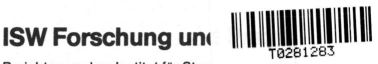

ISW Forschung und

Berichte aus dem Institut für Steu
der Werkzeugmaschinen und Fertigungseinrichtungen
der Universität Stuttgart

Herausgeber: Prof. Dr.-Ing. G. Pritschow

Band 62

Heinz Fink

Einsatz speicher-
programmierbarer Steuerungen
in der Fertigungstechnik

Springer-Verlag Berlin Heidelberg GmbH 1986

D 93

Mit 48 Abbildungen

ISBN 978-3-540-17031-0 ISBN 978-3-642-82904-8 (eBook)
DOI 10.1007/978-3-642-82904-8

© Springer-Verlag Berlin Heidelberg 1986
Ursprünglich erschienen bei Springer Berlin Heidelberg 1986

2362/3020-543210

Geleitwort des Herausgebers

In der Reihe „ISW Forschung und Praxis" wird fortlaufend über Forschungs-
ergebnisse des Instituts für Steuerungstechnik der Werkzeugmaschinen und
Fertigungseinrichtungen der Universität Stuttgart (ISW) berichtet, das sich in
vielfältiger Form mit der Weiterentwicklung des Systems Werkzeugmaschine
und anderer Fertigungseinrichtungen beschäftigt. Die Arbeiten dieses Instituts
konzentrieren sich im besonderen auf die Bereiche Numerische Steuerungen,
Prozeßrechnereinsatz in der Fertigung, Industrierobotertechnik sowie Meß-,
Regel- und Antriebssysteme, also auf die aktuellsten Bereiche, der Fertigungstechnik. Dabei stehen Grundlagenforschung und anwenderorientierte
Entwicklung in einem stetigen Austausch, wodurch ein ständiger Technologie-
transfer zur Praxis sichergestellt wird.

Die Buchreihe erscheint in zwangloser Folge und stützt sich auf Berichte über
abgeschlossene Forschungsarbeiten und Dissertationen. Sie soll dem Inge-
nieur bei der Weiterbildung dienen und ihm Hilfestellungen zur Lösung spezifischer Probleme geben. Für den Studierenden bietet sie eine Möglichkeit zur
Wissensvertiefung. Sie bleibt damit unter erweitertem Namen und neuer Her-
ausgeberschaft unverändert in der bewährten Konzeption, die ihr der Gründer
des ISW, der leider allzu früh verstorbene Prof. Dr.-Ing. G. Stute, im Jahre 1972
gegeben hat.

Der Herausgeber dankt der Druckerei für die drucktechnische Betreuung und
dem Springer Verlag für Aufnahme der Reihe in sein Lieferprogramm.

G. Pritschow

Vorwort

Die vorliegende Arbeit entstand während meiner Tätigkeit als wissenschaftlicher Mitarbeiter am Institut für Steuerungstechnik der Werkzeugmaschinen und Fertigungseinrichtungen der Universität Stuttgart.

Mein besonderer Dank gilt dem verstorbenen Institutsleiter, Herrn Professor Dr.-Ing. G. Stute, der die Voraussetzungen zu dieser Arbeit schuf. Herrn Professor Dr.-Ing. A. Storr und Herrn Professor Dr.-Ing. G. Pritschow danke ich für die Unterstützung und Förderung, die zum Entstehen der Arbeit wesentlich war.

Herrn Professor Dr.-Ing. H.-J. Warnecke danke ich für seine Bereitschaft, den Mitbericht zu übernehmen.

Bei allen Mitarbeiterinnen und Mitarbeitern des Instituts bedanke ich mich für die wertvollen Anregungen und kritischen Diskussionen zum Gelingen dieser Arbeit. Ein besonderer Dank gilt den Herren Dr.-Ing. W. Renn, Dr.-Ing. A. Herrscher und Dipl.-Inform. H. Schumacher.

Heinz Fink

Inhaltsverzeichnis

Abkürzungen, Formelzeichen

Abkürzungen

ACC	Grenzregelung, adaptive control constraint
ACO	Optimierregelung, adaptive control optimization
BCD	Binärcode für Dezimalziffern, binary coded decimal
CMOS	Complementary metal oxide semiconductor (Schaltkreistechnologie)
D/A	Digital/Analog
E/A	Ein-/Ausgabe
FA	Funktionsablauf
FE	Funktionseinheit
FG	Funktionsgruppe
M-Wort	Zusatzfunktionen (nach DIN 66 025)
RAM	Random access memory
SPS	Speicherprogrammierbare Steuerung
S-Wort	Spindeldrehzahl (nach DIN 66 025)
T-Wort	Werkzeug (nach DIN 66 025)
TTL	Transistor-Transistor-Logik (Schaltkreistechnologie)
V	Geschwindigkeit
V.24	Schnittstellennorm für serielle Datenübertragung (nach CCITT)

Sprachelemente für Steuerungsanweisungen

Operationen

L	Laden
LN	Negiertes Laden
U	UND-Verknüpfung
UN	Negierte UND-Verknüpfung
US	UND-Verknüpfung und Speichern
O	ODER-Verknüpfung
OS	ODER-Verknüpfung und Speichern
(,)	Klammer auf, Klammer zu

=	Zuweisung
S	Setzen
R	Rücksetzen
GL	Prüfen auf gleich
GRG	Prüfen auf größer gleich
PF	Prüfen auf positive Flanke
ADD	Addieren
SUB	Subtrahieren
SP	Unbedingter Sprung
SPB	Bedingter Sprung (falls Ergebnis = 1)
SPBN	Bedingter Sprung (falls Ergebnis = 0)
BA	Bausteinaufruf
BB	Bausteinbeginn
BE	Bausteinende
FB	Folgebaustein
FF	Folgebaustein im Fehlerfall
ERMZ	Zustandsermittlung und -verzweigung
ÜB	Übergangsbedingung
AF	Ausgabefunktion

Operanden und Adressierung

E	Eingang
EB	Eingangsbyte
A	Ausgang
M	Merker
MB	Merkerbyte
MW	Merkerwort
K	Konstante
( )	Inhalt von

Formelzeichen

V	ODER-Verknüpfung
∧	UND-Verknüpfung

1 Einleitung

Nur wenige Entwicklungen im Bereich der Steuerungstechnik für Fertigungseinrichtungen haben innerhalb eines Zeitraums von einem Jahrzehnt die bestehenden Techniken in dem Maße ablösen können, wie es die speicherprogrammierbaren Steuerungen vermocht haben. Die Idee, die Verdrahtung elektromechanischer Speicher- und Verknüpfungsglieder in einem änderbaren Speicher als programmierbaren Algorithmus zu hinterlegen und damit die Anpassung der Aufgabenstellung an Steuerungen von der gerätemäßigen Verknüpfung auf die programmtechnische zu verlagern, war der Grundstein zur Verwirklichung einer flexiblen Automatisierung. Die Umsetzung dieser Idee erfolgte aufgrund von Anregungen amerikanischer Automobilhersteller und 1970 wurden unter der Bezeichnung PC (programmable controller) erstmals Geräteentwicklungen auf der Internationalen Werkzeugmaschinen-Ausstellung in Chicago vorgestellt.

Begünstigt durch die Entwicklung leistungsfähiger, preisgünstiger Bausteine aus dem Bereich der Mikroelektronik, ergaben sich Möglichkeiten, technisch aufwendige Steuer- und Überwachungseinrichtungen zu entwickeln, deren Einsatz bisher aus Kostengründen und wegen mangelnder Zuverlässigkeit nicht vertretbar war /1/. Die schnelle Verbreitung, die universelle Einsetzbarkeit und die Vielfalt speicherprogrammierbarer Steuerungen erschwerten jedoch gleichzeitig eine schritthaltende systematische Einbindung dieser neuen Technik in bestehende Steuerungsstrukturen und Informationssysteme. Anfänglich nur als Ersatz der verbindungsprogrammierten Realisierung von Steuerungen an Fertigungseinrichtungen konzipiert, zeigten sich bald zwei Problemkreise, die zwar die weitere Entwicklung und Verbreitung nicht aufhielten, deren zwingend notwendige Behandlung aber doch zu einer stärkeren Einflußnahme durch den Anwender führte.

Diese Problemkreise betreffen im wesentlichen die Erstellung von Programmen für speicherprogrammierbare Steuerungen
unter Berücksichtigung aller Aspekte vom Systementwurf bis
zur Inbetriebnahme und Diagnose und die generelle Einführung
geeigneter Schnittstellen zur Integration der einzelnen,
nunmehr intelligenten Systeme im den bestehenden oder gewünschten Informationsverbund.

Während bei der Programmerstellung die Vereinfachung der
Programmierung durch systematischen Entwurf und problembe-
zogene Programmiersprachen einen wichtigen Beitrag zur
Sicherheit, Wartbarkeit, Änderungsfreundlichkeit und Wie-
derverwendung erstellter Programme leistet, ermöglicht
die Definition und Standardisierung von Schnittstellen
eine Modularisierung der Fertigungseinrichtungen und die
Dezentralisierung des Automatisierungssystems. Die prozeßnahe und dezentrale Anordnung intelligenter Einzelsysteme
unterstützt die weitgehend autonome Informationserfassung
und -verarbeitung vor Ort und vereinfacht damit die Kommunikation in der durch Aufteilung von Funktionen auf unterschiedliche Ebenen hierarchisch aufgebauten Informations-
struktur. Dies entspricht dem heutigen Trend in der Fertigungstechnik, durch prozeßbegleitende Datenerfassung und
integrierte Qualitätskontrolle möglichst frühzeitig Kenntnis
über Fehler oder Abweichungen vom Sollzustand zu erhalten,
um den durch Ausschuß oder Nacharbeit bedingten Einsatz
an Personal, Geräten, Rohstoffen und Energie zu verringern.

Es ist das Ziel dieser Arbeit, die aus dem Einsatz speicherprogrammierbarer Steuerungen in der Fertigungstechnik
ermittelten Anforderungen aufzuzeigen, zu systematisieren
und zu bewerten, Lösungsvorschläge für Teilfunktionen auf-
zubereiten und eine Konzeption für zukünftige Entwicklungen
vorzustellen. Zur Verbesserung der Programmierung wird
eine Programmiersprache entwickelt, welche durchgängig eine
Übereinstimmung zwischen der Struktur der Fertigungseinrichtung und dem Steuerungsprogramm ermöglicht.

2 Speicherprogrammierbare Steuerungen - Steuerungstechnik und Informationsverarbeitung

2.1 Einordnung in die Steuerungsebenen

Eine Gliederung von Steuerungssystemen für Fertigungseinrichtungen kann nach unterschiedlichen Gesichtspunkten
vorgenommen werden /2/. Der funktionalen Gliederung ent-
stammt dabei der Begriff der Funktionssteuerung, die in
der Hierarchie der Steuersysteme bei Werkzeugmaschinen
zwischen der Stellebene des Prozesses und der Programmsteuerung einzuordnen ist. Die gerätemäßigen Begriffe Anpaßsteuerung und Maschinensteuerung decken sich aufgabenmäßig mit
dem Begriff Funktionssteuerung; in diesem Fall stellt sich
die speicherprogrammierbare Steuerung als gerätetechnische
Realisierung der Funktionssteuerung dar (Bild 2.1).

STEUERUNGSEBENE	PROGRAMMSTEUERUNG	FUNKTIONSSTEUERUNG	STELLEBENE
KENNZEICHEN	•Externe Steuerprogrammvorgabe •Änderbarer Programmspeicher •Variable Abläufe	•Invariante Abläufe •Feststehende Algorithmen •Verknüpfungen	•Pegelanpassung •Leistungsverstärkung •Physikalische Umsetzung
EINGANGSGRÖSSE	•Programme	•Funktionsbefehle	•Stellsignale
AUSGANGSGRÖSSE	•Funktionsbefehle	•Stellsignale	•Geometrische und technologische Größen
GERÄTEMÄSSIGE REALISIERUNG	•Mechanische Steuerungen •Numerische Steuerungen •Rechnersteuerungen	•Relais -oder Schützen- steuerung •Elektronische Steue- rungen •Speicherprogrammierbare Steuerungen	•Stellglieder: - elektromechanisch - elektromagnetisch - hydraulisch - pneumatisch

Bild 2.1: Gliederung von Steuerungsfunktionen

Ihr ursprünglicher Einsatz bei Transferstraßen macht jedoch
deutlich, daß sie auch als Gerät der Programmsteuerebene

eingeordnet werden kann. Diese Einordnung in die Hierarchie und die aufgabenmäßige Zuordnung wird von zwei Faktoren beeinflußt, zum einen durch die Übernahme von Funktionen aus dem Bereich der Programmsteuerung, zum anderen durch die gerätemäßige Anordnung und Verbindung.

Hinsichtlich des ersten Einflußfaktors sind Fertigungseinrichtungen zu nennen, bei welchen die Programmsteuerung entweder infolge des Fehlens expliziter geometrischer Information aufgabenmäßig von der Funktionssteuerung übernommen wird, oder aufgrund des erweiterten Funktionsumfangs übernommen werden kann. Ein Beispiel für diese Entwicklungstendenz sind die Transferstraßen, die einerseits hinsichtlich des Bewegungsablaufs durch Abschaltkreise gesteuert werden, andererseits zukünftig eine Vielzahl numerisch gesteuerter Achsen aufweisen werden, deren Positionierung mit entsprechend leistungsfähigen speicherprogrammierbaren Steuerungen durchgeführt werden kann.

Als zweiter Einflußfaktor hinsichtlich der Einordnung ist die aus Anwendersicht gegebene Forderung zu nennen, die Bedienung und den gesamten Ablauf einer Fertigungseinrichtung oder eines -systems über ein in seinen Funktionen anwenderprogrammierbares Gerät beliebig zu gestalten und zu ändern /3/. Auch soll zum Zwecke der Diagnose oder Überwachung ein Zugriff auf die in ihrem Funktionsumfang festgelegte, auf Erzeugung von Geometrie ausgerichtete, numerische Steuerung möglich sein, so daß sich zwangsweise eine über- oder gleichgeordnete Stellung der speicherprogrammierbaren Steuerung in der Programmsteuerebene ergibt. Damit ist das bisher vorherrschende Prinzip - übergeordnete numerische Steuerung ("Master"), untergeordnete speicherprogrammierbare Steuerung ("Slave") - in seinen Rollen vertauscht. Die aus diesem Rollentausch resultierenden Anforderungen werden in Kapitel 4 näher betrachtet. Eine Zuordnung von Steuerungsebenen und Steuergeräten ist in Bild 2.2 angegeben.

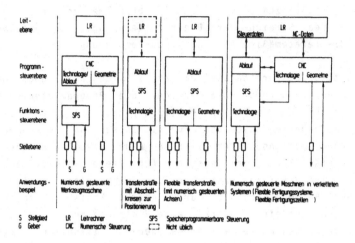

Bild 2.2: Zuordnung von Steuerungsebenen und Steuerungsgeräten

2.2 Steuerungsprinzipien

Die Verarbeitung der technischen Informationen bei Fertigungseinrichtungen erfolgt in Abhängigkeit von der Struktur des Fertigungsprozesses entweder nach dem Prinzip der Verknüpfungssteuerung oder dem der Ablaufsteuerung /4/. Beide Steuerungsprinzipien werden bei den verschiedenen Realisierungsarten angewendet, Verknüpfungssteuerungen jedoch überwiegend auf der Ebene der Funktionssteuerung /5/.

Das Kennzeichen der Verknüpfungssteuerung ist das Generieren von Ausgangssignalen für die Stellebene durch Verknüpfung der Ein- und Ausgangsvariablen entsprechend den Regeln der Booleschen Algebra. Diese Arbeitsweise führt dazu, daß Verknüpfungssteuerungen im wesentlichen über Eingangsvariable steuerbar sind und Rückschlüsse über den Prozeßzustand nur aus diesen Variablen möglich sind. Diese quasi parallele Betrachtungweise ist zweckmäßig bei Anwendungen in Fertigungsprozessen, die viele parallele Teilprozesse mit einer geringen Anzahl von Zuständen aufweisen.

Wesentlich bei Ablaufsteuerungen ist die Berücksichtigung des sequentiellen Verhaltens der Anlage beim Steuerungsentwurf. Dies erfolgt durch die Unterteilung in sogenannte Ablaufschritte, die direkt dem Zustand des betrachteten Teilprozesses entsprechen. Vorteilhaft angewendet wird das Prinzip der Ablaufsteuerungen bei Fertigungsprozessen, die wenige, ausgeprägte, starre Abläufe mit nur geringer Vermaschung untereinander besitzen.

Ein gewisser Anteil an Verknüpfungssteuerung ist jedoch immer gegeben, einerseits, um die Weiterschaltbedingungen im Ablauf und die Sicherheitsverriegelungen zu realisieren, andererseits, um im Hand- oder Einrichtebetrieb an beliebigen Stellen und in vorgebbarer Reihenfolge im Ablauf eingreifen zu können.

Diese Notwendigkeit schränkt die prinzipbedingten Vorteile der Ablaufsteuerung, aus dem Zustand der Steuerung ohne Aufwand den Prozeßzustand erkennen und für Überwachungs- und Diagnosefunktionen auswerten zu können, stark ein. Aus diesem Grund sind seit langem Verfahren entwickelt worden, die sowohl die Flexibilität der stellgliedorientierten Verknüpfungssteuerung, als auch die zustandsorientierte Betrachtungsweise der Ablaufsteuerung berücksichtigen. Eine Möglichkeit bildet die Synthese beider Prinzipien, wie sie in Bild 2.3 dargestellt ist.

Der z. B. im Automatikbetrieb an eine feste zeitliche Reihenfolge gebundene Ablauf wird vorteilhaft in der Ablaufsteuerung realisiert, Eingriffe in den Prozeß im Einrichtebetrieb, die mit wenigen Ausnahmen beliebig und nicht an eine bestimmte Reihenfolge gebunden sind, werden vom Ver-

- 18 -

knüpfungsanteil in geeigneter Form erfüllt. Dasselbe trifft
auf die Sicherheitsanforderungen zu, deren zeitunabhängige
Wirksamkeit im Verknüpfungsanteil gewährleistet wird.

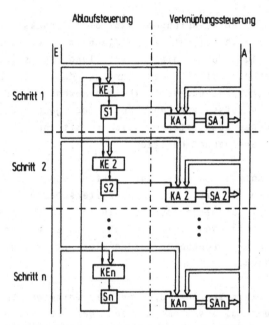

S, Schrittspeicher | E,Summe Eingabevariable | KA,Kombinatorisches Netzwerk zur Stellgliedansteuerung
SA,Ausgabevariable | A,Summe Ausgabevariable | KE, Kombinatorisches Netzwerk zur Schrittbildung

Bild 2.3: Ablaufsteuerung mit Verknüpfungsanteil

Um die Vorteile der Ablaufsteuerung auf Prozesse mit über-
wiegendem Anteil an Verknüpfungen übertragen zu können,
wurde im Bereich der Funktionssteuerungen für Fertigungseinrichtungen das Verfahren der Beschreibung mit Zustandsgraphen entwickelt /6/. Steuerungsseitig wird diese Anla-
genbeschreibung als Summe der einzelnen Funktionseinheiten
unter Berücksichtigung der gegenseitigen Abhängigkeit di-

rekt nachgebildet /2/, indem die Zustände als interne Variable definiert und die entsprechenden Übergänge im einfachsten Fall als Boolesche Gleichungen der Eingangsvariablen aufgestellt werden.

Die Übergangsbedingungen können jedoch auch Zustände anderer Funktionseinheiten, numerische Werte oder die Zeit als Variable enthalten. Dies ermöglicht, das Verfahren nicht nur auf physikalisch realisierte Funktionseinheiten anwenden zu können, sondern beliebige Ablaufstrukturen zu definieren, in denen die Funktionseinheiten als Bausteine entsprechend dem gewünschten Ablauf verkettet werden. Die spezifischen Aufgaben bei der Anwendung des Verfahrens und wesentliche Merkmale sind in Bild 2.4 aufgezeigt.

In Kapitel 5.3 wird auf dieses Verfahren zurückgegriffen, um eine Programmiersprache zu entwickeln, welche die Struktur der zu steuernden Anlage enthält.

2.3 Informationsverarbeitung bei speicherprogrammierbaren Steuerungen

Da speicherprogrammierbare Steuerungen anfangs nur als Ersatz verbindungsprogrammierter Realisierungen von Funktions- bzw. Programmsteuerungen angesehen wurden, haben Begriffe und Kenngrößen aus der Informationsverarbeitung und Prozeßrechentechnik gegenüber denen der Anlagen- und Gerätetechnik lange im Hintergrund gestanden. Mit der DIN 19237 /4/ wurde erstmals eine Normung der Begriffe der Steuerungstechnik in Angriff genommen, wobei Normen der Regelungs- und Steuerungstechnik und der Informationsverarbeitung die Grundlage bildeten. Dabei wurde auch berücksichtigt, daß sich speicherprogrammierbare Steuerungen heutiger und zukünftiger Generationen prinzipiell und strukturell nicht mehr von Prozeßrechnern unterscheiden /7/.

Steuerungs-	Spezifikation der Aufgaben	Merkmale
- Entwurf	o Aufteilen der Fertigungsein-richtung in Funktionseinheiten o Definition möglicher Zustände der Funktionseinheiten o Aufstellen der Übergangsbedin-gungen für mögliche Zustands-wechsel o Aufstellen der Ausgabefunktionen	o Abbildung der Anlage als Modell in der Steuerung o Systematischer Entwurf mit der Möglichkeit des Rechnereinsatzes (CAD) o Realisierungsunabhängige Beschreibungsform
- Realisierung	o Umsetzen der Zustände in interne Variable o Programmieren der Übergangsbe-dingungen und der Ausgabe-funktionen	o Stellgliedunabhängige, zustands-bezogene Ausgabefunktionen
- Inbetriebnahme	o Überprüfen der Ausgabefunktionen zur Ansteuerung der Stell- und Signalglieder o Überprüfen des Ablaufs und der Übergangsbedingungen	o Einfache Änderbarkeit in den Funktionseinheiten ohne Rückwir-kung auf den Ablauf und umgekehrt
- Betrieb im Störfall	o Ermitteln des nicht erfolgten Zustandswechsels o Ermitteln der fehlerhaften Funktionseinheit o Untersuchung der betreffenden Übergangsbedingung	o Leichte Fehlererkennung und -lokalisierung durch Vergleich von Soll- und Istzustand o Möglichkeit der integrierten Fehlerdiagnose

Bild 2.4: Aufgaben und Merkmale bei der
Steuerungsbeschreibung mit Zustandsgraphen

Der wesentliche Unterschied liegt in der Ausrichtung dieser
Geräte auf den überwiegenden Einsatz für Steuerungsaufgaben
und auf eine anwendungsorientierte Programmiersprache, deren Sprachelemente im Mindestumfang immer auf die steuerungstechnische Aufgabenstellung zugeschnitten sind.

Obwohl zur Kennzeichnung der Eigenschaften speicherprogrammierbarer Steuerungen Begriffe der Informationsverarbeitung /8,9/ durchaus geeignet sind, wurde der Versuch unter-
nommen, den besonderen Charakter dieser Steuerungen dadurch
zu betonen und eine Abgrenzung zum Prozeßrechner zu erreich-

en, indem spezifische Begriffe in der DIN-Norm 19239 /10/
und der VDI-Richtlinie 2880 /11/ neu festgelegt wurden.
Allerdings betrifft dies nicht alle Begriffe, die zur Kennzeichnung erforderlich sind, so daß nun Mehrdeutigkeiten
und Widersprüche zur mitgeltenden Norm der Informationsverarbeitung bestehen /9/.

Dies soll am Begriff der "Anweisung" und des "Befehls" verdeutlicht werden: Eine Anweisung ist eine in einer beliebigen Sprache abgefaßte Arbeitsvorschrift, die im gegebenen
Zusammenhang wie auch im Sinne der benutzten Sprache abge-
schlossen ist. Mit Befehl wird eine Anweisung bezeichnet,
die sich in der benutzten Sprache nicht mehr in Teile zer-
legen läßt, die selbst Anweisungen sind /9/.

In DIN 40719 /12/ wird der Befehl als eine Anweisung ver-
standen, die eine Zustandsänderung zu Folge hat. Dieser
Gedanke wird auch in Teil 4 der VDI-Richtlinie 2880 /11/
aufgegriffen, indem erläutert wird, daß mit Befehlen Prozeß-
ausgänge, aber auch Funktionen innerhalb der Steuerung aus-
gelöst werden können. In DIN 19237 /4/ dagegen wird der
Befehl als Signal interpretiert, das einer Steuerung entweder als Eingabebefehl zugeführt oder als Ausgabebefehl
von dieser ausgegeben wird (Steuerungsbefehl).

Vor dem Hintergrund dieser aus der verbindungsprogrammierten Technik übernommenen Denkweise ist es aber nicht einzu-
sehen, den aus der Rechnertechnik entnommenen Begriff Befehl im Sinne von Signal auf speicherprogrammierbare Steuerungen anzuwenden. Da diese Geräte auf der Rechnertechnik
basieren, ist es vorteilhaft, das vorhandene, allgemein
verwendete Vokabular zu benützen und bestehende Begriffe
wie Befehlsvorrat oder Befehlsdecodierung nicht zu ersetzen. Eine generelle Umstellung auf den Begriff Anweisung,
der wieder in Operationsteil und Operandenteil gegliedert
ist /4/, würde hier nur Verwirrung hervorrufen. Aus den
angeführten Gründen wird deshalb in dieser Arbeit bevorzugt

der Begriff Befehl verwendet.

Aufgrund der bereits erwähnten Strukturgleichheit mit Prozeßrechnern ist es nicht mehr ausreichend, die Leistungsfähigkeit speicherprogrammierbarer Steuerungen vordergründig
anhand der Speicherkapazität und des Umfangs an Ein-/Ausga-
beeinheiten zu beurteilen, vielmehr müssen die für die Informationsverarbeitung charakteristischen Größen stärker
berücksichtigt werden. Beispielhaft sei als solche Größe
der Begriff der Programmiersprache erwähnt, welche den Vorrat der möglichen Befehle mit ihren Operationsteilen, Operanden und jeweiligen Adressierungsarten beinhaltet.

2.3.1 Datenverarbeitungsfunktionen

Während die Anweisung und der Befehl als Element der Programmiersprache definiert sind, gibt es für den häufig verwendeten Begriff der Datenverarbeitungsfunktion keine ein-
heitliche Definition. Sie soll in dieser Arbeit als Über-
begriff von Befehlen oder Anweisungen gesehen werden, der
eine aus Anwendersicht geforderte Art der Verarbeitung von
Daten, losgelöst von der gerätemäßigen Realisierung, bezeichnet. Beispiele für Datenverarbeitungsfunktionen sind
Verknüpfen, Prüfen, Codieren oder Listenverarbeitung. Sie
werden u. a. auch in /2/ im Zusammenhang mit Prozeßrechnern
und programmierbaren Steuerungen erwähnt.

Bei einfachen speicherprogrammierbaren Steuerungen ist nur
in wenigen Fällen direkt ein Befehl für eine Datenverarbeitungsfunktion vorhanden. Die gewünschte Datenverarbeitungsfunktion wird durch eine Folge von elementaren Verknüpfungsbefehlen realisiert. Je leistungsfähiger eine Steuerung
ist, desto höher ist der Anteil an Befehlen mit direkter
Entsprechung zu einer Datenverarbeitungsfunktion. Durch
Kombinieren von Datenverarbeitungsfunktionen entsprechend
der geforderten Funktion lassen sich zugeschnittene Bausteine für Funktionseinheiten oder -gruppen bilden, die

wesentlich zur Vereinfachung der Programmierung und zur Transparenz der Programme beitragen (Bild 2.5).

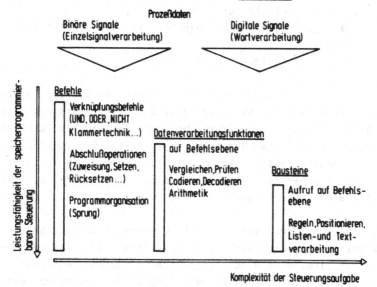

Bild 2.5: Informationsverarbeitung bei speicherprogrammierbaren Steuerungen

2.3.2 Grenzen der Anwendungsorientierung

Die in Bild 2.5 aufgezeigten Möglichkeiten, die Leistungsfähigkeit speicherprogrammierbarer Steuerungen der wachsenden Komplexität der Steuerungsaufgabe anzupassen, müssen unter dem Aspekt der Anwendungsorientierung betrachtet werden. Ein spezieller Befehlssvorrat zur Realisierung der bei steuerungstechnischen Aufgabenstellungen immer erforderlichen Verknüpfungen mit den darauf folgenden Abschlußoperationen ist als Grundumfang anzusehen. Davon ausgehend sind zur Steigerung der Leistungsfähigkeit, welche die Programmierung und die Programmabarbeitung betrifft, mehrere Schritte denkbar:

- die Ausweitung des Grundbefehlsvorrats durch die universellen Befehle der Datenverarbeitung mit entsprechenden Adressierungsarten /13/;
- die Ergänzung durch Befehle für typische Datenverarbeitungsfunktionen;
- die Bereitstellung von Bausteinen.

Der erste Schritt führt zu einer Leistungssteigerung im
Sinne der Informationsverarbeitung, doch wird hierdurch der
bestehende Unterschied zwischen speicherprogrammierbaren
Steuerungen und Prozeßrechnern verwischt. Die Entfernung
von der Anwendungsorientierung der Sprache und die wachsende Zahl an Sprachelementen entsprechen nicht der in /11/
enthaltenen Interpretation.

Die Ergänzung durch Befehle für Datenverarbeitungsfunktionen bringt zwar ebenfalls eine Ausweitung des Befehlsvorrats mit sich, doch wird dieser Nachteil durch die Vereinfachung der Programmierung und Verkürzung der Programme kom-
pensiert. Durch den Bezug dieser Befehle zur steuerungstechnischen Anwendung bleibt das wesentliche Merkmal speicherprogrammierbarer Steuerungen erhalten. Die Ausweitung
des Befehlsvorrats wird dadurch begrenzt, daß Befehle nur
für definierte, nicht parametrierbare Datenverarbeitungsfunktionen in Betracht kommen.

Die Verwendung von Bausteinen stellt die aus Anwendersicht
eleganteste Lösung dar. Ihre Bereitstellung durch den Steuerungshersteller bei standardisierbaren Funktionen oder ihr
zugeschnittener Entwurf durch den Anwender ermöglichen in
erster Linie die Vereinfachung der Programmierung und eine
Erhöhung der Transparenz der Programme. Die Berücksichtigung der konstruktiven Besonderheiten einer Fertigungseinrichtung ist mit Standardbausteinen nicht möglich. Sie sind
deshalb nur dann sinnvoll anwendbar, wenn ein gleichblei-
bender, allgemein gültiger Funktionsumfang vorhanden ist.
Dies ist beispielsweise zutreffend bei der Listen- oder

Textverarbeitung oder bei der Positionierung, wobei die Verwendung von Parametern eine begrenzte Flexibilität gewährleistet.

Gerade bei der Verwendung von Bausteinen werden jedoch Grenzen der Anwendungsorientierung der Sprache sichtbar. Eine Leistungssteigerung hinsichtlich der Programmabarbeitung ist nur dann gegeben, wenn die Bausteine entweder mit einem leistungsfähigeren Befehlsvorrat erstellt wurden, als ihn die Steuerung aufweist, oder aber als Hardwarebausteine ausgeführt sind und lediglich beauftragt werden. Das bedingt im Falle der Bausteinerstellung durch den Anwender die Notwendigkeit, die Bausteine unter Berücksichtigung einer optimalen Informationsverarbeitung erstellen zu können und nur die Parametrierung und Beauftragung der Aufgabenstellung anzupassen.

Auch der Einsatz von speicherprogrammierbaren Steuerungen in der Leitebene kann die Anwendungsorientierung teilweise in Frage stellen. Fallen aus den untergeordneten Steuerungsebenen Prozeßdaten zur Verarbeitung an, so müssen diese weniger nach Gesichtspunkten der steuerungstechnischen Aufgabenstellung, sondern wegen der meist vorhandenen zeitkritischen Bedingungen vielmehr unter dem Aspekt einer leistungsfähigen Datenverarbeitung ausgewertet werden.

Es ist daher anzustreben, die Informationsverarbeitung bei speicherprogrammierbaren Steuerungen derart zu optimieren, daß zwar die Anwendungsorientierung weitgehend erhalten bleibt, aber auch die zeitlichen Anforderungen bei der Lösung der steuerungstechnischen Aufgabenstellung durch eine sinnvolle Anwendung der Hilfsmittel aus der Rechnertechnik erfüllt werden können.

3 Analyse und Bewertung wichtiger Merkmale
speicherprogrammierbarer Steuerungen

Die Sonderstellung speicherprogrammierbarer Steuerungen
ist dadurch gegeben, daß sie nicht als universelles Gerät
für Prozeßsteuerungen allgemein, sondern als zugeschnittene
Lösung für die Realisierung von Steuerungsfunktionen in
einem bestimmten Anwendungsbereich entwickelt wurden. Die
Entwicklung vollzog sich vom reinen Ersatz einer verbindungsprogrammierten Gerätetechnik durch speicherprogrammierbare Lösungen bis hin zum universell einsetzbaren Gerät, dessen ursprüngliche Grundfunktionen zwar noch vorhanden sind, die Grenzen zum Prozeßrechner jedoch durch die
Vielfalt peripherer Anschlußmöglichkeiten und die Implementierung leistungsfähiger Datenverarbeitungsfunktionen immer
mehr ins Fließen geraten und nur noch durch Unterschiede in
der Softwaretechnologie bestimmt werden.

Im folgenden sollen anhand von wichtigen Merkmalen speicherprogrammierbarer Steuerungen der Stand der Technik
und die bestehenden Schwachstellen aufgezeigt, Möglichkeiten
zu deren Beseitigung analysiert und Tendenzen zukünftiger
Entwicklungen mit neuen Konzeptionen abgeleitet werden.

3.1 Strukturen speicherprogrammierbarer Steuerungen

Die Struktur speicherprogrammierbarer Steuerungen wird von
unterschiedlichen Faktoren beeinflußt, wobei auf der einen
Seite hardwarespezifische Belange, auf der anderen Seite
programmtechnische Aspekte den Ausschlag geben. Weiterhin
ist der Einsatzzweck und der damit verbundene erforderliche
Funktionsumfang in Relation zu den Kosten zu sehen, die
eine bestimmte Struktur zwangsläufig nach sich zieht. Eine
funktionale Struktur für speicherprogrammierbare Steuerungen, welche die Realisierungsmöglichkeiten der einzelnen

Komponenten und die Verbindung untereinander noch weitgehend unberücksichtigt läßt, ist in Bild 3.1 aufgezeigt.

Diese Struktur berücksichtigt vom Grundumfang ausgehend
(Steuerungen ohne Prozeßabbild werden wegen des möglichen
Fehlverhaltens -Hazards infolge der Änderung von Eingangsvariablen während eines Programmzyklus /5/- nicht betrachtet) den unterschiedlichen Funktionsumfang und Ausbaugrad
speicherprogrammierbarer Steuerungen. Nach diesem Struk-
turprinzip können diverse Realisierungsmöglichkeiten angegeben werden, wobei die Auswahl des Prozessors sich an den
in Abschnitt 3.2 enthaltenen Angaben orientiert.

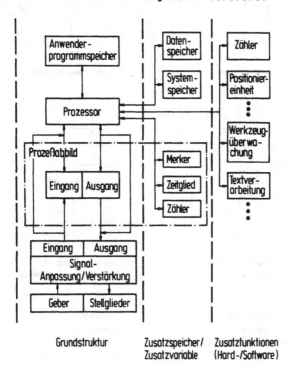

Grundstruktur   Zusatzspeicher/   Zusatzfunktionen
                       Zusatzvariable   (Hard-/Software)

Bild 3.1: Struktur einer speicherprogrammierbaren Steuerung

Von den in <u>Bild 3.2</u> dargestellten Strukturvarianten eignet
sich die Variante A für Kompakt- und Minimallösungen, da
nur ein Prozessor den kompletten Funktionsumfang abdeckt.
Von den parallelen Strukturen besitzt die Lösung B den
Nachteil der erforderlichen Synchronisation der Teilprozesse; sie ist jedoch hinsichtlich der Anpaßbarkeit und Erweiterung, sowie bei dezentralen, schwach vernetzten Anlagen
eine durchaus geeignete Lösung.

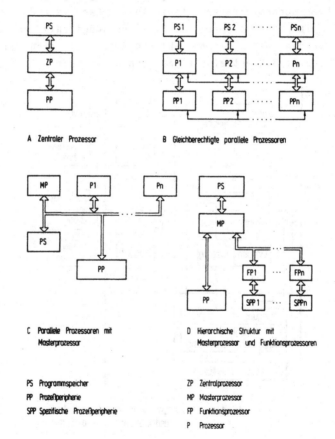

PS Programmspeicher   ZP Zentralprozessor
PP Prozeßperipherie   MP Masterprozessor
SPP Spezifische Prozeßperipherie   FP Funktionsprozessor
                                        P   Prozessor

<u>Bild 3.2:</u> Realisierungsstrukturen für speicherprogrammier-
bare Steuerungen

Variante C ist eine Mehrprozessorstruktur, welche den Pro-
zeßanforderungen durch Aufgabenverteilung und im Bedarfs-
fall durch Erweiterung mit gleichartigen Prozessormodulen
angepaßt werden kann. Kennzeichen dieser Struktur ist die
Verbindung der Prozessoren und der Prozeßperipherie über
einen gemeinsamen Bus, der gleichzeitig auch die Ursache
für den erhöhten Aufwand dieser Struktur ist. Das System
ermöglicht infolge der Gleichheit der Prozessoren auch die
Realisierung von Ausfallstrategien und stellt unter dem
Aspekt der Verfügbarkeit eine leistungsfähige Lösung dar.

Die Strukturvariante D entspricht in ihrem Aufbau der Prin-
zipskizze nach Bild 3.1. Wesentlicher Unterschied zur Variante C ist die hierarchische Anordnung mit einem übergeordneten Masterprozessor und die Ergänzung mit spezifischen Funktionsprozessoren, die über eine eigene Prozeßperipherie an spezielle Aufgaben angepaßt sind. Mit Hilfe
dieser Funktionsprozessoren ist es möglich, sowohl Stan-
dardfunktionen wie das Positionieren, aber auch spezielle
Funktionen wie Messen, Textverarbeitung und Schnittstellen-
verkehr abzuwickeln, wobei die Ankopplung dieser Prozessoren
an den Masterprozessor in günstiger Weise über Speicher-
schnittstellen (z.B. Multi-Port-RAM) erfolgen kann.

Für die Realisierung des Zentral- oder Masterprozessors,
der die Aufgabe der Befehlsdecodierung und die anschließende
Befehlsausführung oder Beauftragung der Ausführung übernehmen muß, bieten sich die grundsätzlichen Lösungen aus Bild
3.4 an. Da die Einzelsignalverarbeitung immer Bestandteil
der Aufgaben speicherprogrammierbarer Steuerungen ist,
andererseits die Forderungen nach leistungsfähigen, wortorientierten Datenverarbeitungsfunktionen zunehmen, sind
als Lösung entweder ein spezieller Bit-Slice-Prozessor
oder eine Kombination aus Bitprozessor und Mikroprozessor
geeignet /14/.

Vorteile des Bit-Slice-Prozessors sind seine hohe Verarbeitungsgeschwindigkeit und die Realisierung eines leistungsfähigen Befehlsvorrats als Mikroprogramm. Nachteilig ist der beträchtliche Entwicklungsaufwand, der ein Hindernis für die technische Nachführbarkeit darstellt (Bild 3.4). Für die Kombination aus Bit- und Wortprozessor spricht die Tatsache, daß die Befehle zur Verarbeitung binärer Information (Einzelsignalverarbeitung) durch die Boolesche Algebra vorgegeben sind und nicht der weiteren Entwicklung angepaßt werden müssen. Sie können durch einen für diese Aufgabe zugeschnittenen integrierten Schaltkreis übernommen werden.

Der Mikroprozessor, als universell einsetzbares Bauelement mit einer Vielzahl von Peripheriebausteinen konzipiert und kostengünstig verfügbar, kann mit seinem für breite Anwendung ausgelegten Befehlsvorrat die Aufgaben der Wortverarbeitung und der Korrespondenz mit den Funktionsprozessoren übernehmen. Außerdem eignet er sich für die Durchführung von Aufgaben während der Initialisierung, Inbetriebnahme und für die Programmierung mit Hilfe der Steuerung.

Die technische Nachführung, die meist nur die Erhöhung der Leistungsfähigkeit im Hardwarebereich betrifft, ist durch die Gewährleistung der Aufwärtskompatibilität der Software innerhalb einer Prozessorfamilie leichter zu vollziehen, da außerdem für Standardmikroprozessoren komfortable Entwicklungshilfsmittel zur Verfügung stehen.

Die Möglichkeit der Verwendung höherer Programmiersprachen bei entsprechender Leistungsfähigkeit des Prozessors zur Erstellung von Bausteinen für die speicherprogrammierbare Steuerung durch den Anwender unter Umgehung ihres eingeschränkten Befehlsvorrats ist ein zusätzliches Kriterium für diese Lösung.

3.2 Prozessorkonzepte

Durch die Wahl entsprechender Prozessoren sind vier wesentliche Kenngrößen einer speicherprogrammierbaren Steuerung
festgelegt:
  - Befehlsvorrat (Operationen, Operanden);
  - Befehlsausführungszeit;
  - adressierbarer Speicherbereich;
  - Anzahl adressierbarer Operanden (Ein-/Ausgänge etc.).

Als bedingt absolute Größe kann von diesen vier erwähnten
nur die Anzahl der adressierbaren Operanden für einen bestimmten Anwendungsfall oder -bereich gefordert werden. Die
übrigen Größen sind voneinander abhängig, so daß die Be-
rechtigung von Forderungen nach adressierbarem Speicherbereich in Abhängigkeit der Anzahl von Ein- und Ausgängen
und maximalen Befehlsausführungszeiten als Folge der Spei-
chergröße ohne Beachtung des Befehlsvorrats und des Abar-
beitungssprinzips nur in begrenztem Maße gegeben ist /15/.
Vielmehr müssen die durch den Prozessor bestimmten Größen
wie z.B. die auf Grund der verwendeten Technologie gegebene
Befehlsausführungszeit in Relation zur Mächtigkeit der Befehle gebracht werden, was an einem Beispiel nach Bild 3.3
erläutert werden soll.

Obwohl Prozessor A eine um den Faktor 2 schnellere Befehlsausführungszeit gegenüber Prozessor B aufweist, ist er
wegen seines weniger leistungsfähigen Befehlsvorrats in der
Befehlsausührung des Beispiels 50% langsamer.

Anmerkung: Zur Darstellung von Programmbeispielen wird eine
mnemotechnische Form verwendet. Graphische, realisierungsbezogene Formen sind bezüglich der Darstellung allgemeiner
Funktionen beschränkt und die Programmierung erfolgt üblicherweise mit an Graphiksymbolen orientierten Funktions-
tastaturen oder über Bedienerführung, so daß Befehlsvorrat
und -syntax nicht explizit erkennbar sind.

PROZESSOREIGENSCHAFTEN	PROZESSOR A		PROZESSOR B		
Befehlsvorrat	Einzelsignalverarbeitung Verknüpfungsbefehle		zusätzlich Wortverarbeitung Vergleichsbefehle		
Befehlsausführungszeit	$t_{A,A}$		$t_{A,B} = 2t_{A,A}$		
PROGRAMM E M01...E M80, EB MWORT Signale M-Funktion (2 Dekaden)	Operations-teil	Operand	Operations-teil	Operand	
	LN	E M80	L	EB	MWORT
	UN	E M40	GL	K	3
	UN	E M20	=	M	MM03
	UN	E M10			
	UN	E M08			
	UN	E M04			
	U	E M02			
	U	E M01			
	=	M M03			
Speicherbedarf	9 Anweisungen		3 Anweisungen		
Ausführungszeit	9 $t_{A,A}$		3 $t_{A,B}$ = 6 $t_{A,A}$		

Bild 3.3: Einfluß von Prozessoreigenschaften auf Speicherbedarf und Ausführungszeit (Beispiel: Decodierung
einer M-Funktion)

Die Betrachtung möglicher Prozessorkonzepte muß aufgeteilt
werden in eine funktionale und in eine realisierungsbezogene Betrachtung. Bei der funktionalen Betrachtung wird die
vom Prozessor wahrzunehmende Aufgabe in den Vordergrund
gestellt, welche durch die Realisierung eines geeigneten
Prozessorkonzeptes gelöst werden muß. Die funktionale Betrachtung beschränkt sich auf die von der Prozeßseite ge-
stellten Anforderungen, welche sich in die Verarbeitung

  - binärer Signale (Einzelsignalverarbeitung),
  - digitaler Signale (Wortverarbeitung),
  - analoger Signale

unter den gegebenen Anschluß- und Echtzeitbedingungen zusammenfassen lassen. Die Verarbeitung analoger Signale erfolgt
üblicherweise nach bzw. vor ihrer Umwandlung digital, so
daß diese Anforderungen auf die erforderlichen Bausteine

zur Umwandlung verlagert werden.

Bei der realisierungsbezogenen Betrachtung wird, ausgehend von den Eigenschaften der verwendeten Prozessoren, deren Eignung bei der Wahrnehmung der infolge der funktionalen Betrachtung ermittelten Aufgaben dargestellt. Dabei ist nicht nur die Hardware der Prozessoren von Bedeutung, sondern auch die Art der Programmgenerierung und -abarbeitung, was speziell bei der Verwendung von Mikroprozessoren beachtet werden muß. Eine Zuordnung von Prozessoren mit Angabe einiger spezifischer Eigenschaften bezogen auf die Verarbeitungsaufgaben gibt Bild 3.4 wieder. Auf die Eignung der unterschiedlichen Prozessoren, ihre Vor -und Nachteile in Verbindung mit entsprechenden Einsatzkriterien, wird in dem Abschnitt Befehlsvorrat und Programmierung näher eingegangen.

AUFGABE	Einzelsignalverarbeitung - binäre Funktionen -		Einzelsignal- u. Wortverarbeitung - binäre u. digitale Funktionen -	
REALISIERUNG	Bitprozessor aus diskr. Elementen	Mikroprozessor 1-Bit-Architektur	Mikroprozessor Mehr-Bit-Architektur	Bit-Slice-Prozessor mikroprogrammiert
EIGENSCHAFTEN	▽	▽	▽	▽
Geschwindigkeit	hoch	mittel	mittel	sehr hoch
Befehlsvorrat				
· Umfang	gering...mittel	gering	sehr groß	mittel...groß
· Art	anwendungsorientiert	anwendungsorientiert	anwendungs-orientiert ¦ Assembler	anwendungsorientiert ·
· Festlegung	SPS-Hersteller	Prozessor-Hersteller	SPS-Hersteller ¦ Prozessor-Hersteller	SPS-Hersteller
· Erweiterbarkeit	nein	nein	ja Aufwand gering ¦ nein	ja Aufwand sehr hoch

SPS Speicherprogrammierbare Steuerung

<u>Bild 3.4</u>: Prozessoren speicherprogrammierbarer Steuerungen

3.3 Programm- und Datenspeicher

Der entscheidende Einfluß auf die Entwicklung speicherpro-

grammierbarer Steuerungen und die Abkehr von der verbindungsprogrammierten Realisierung der Funktionssteuerungen
beruht auf dem raschen Fortschritt der Halbleitertechnik,
besonders im Bereich der Speichertechnologie/16/. Die ursprünglich aufwendigen und teuren Kernspeicher wurden Mitte
der 70er Jahre zunehmend durch Halbleiterspeicher verdrängt
und werden heute nicht mehr verwendet.

Von der Funktion her werden bei speicherprogrammierbaren
Steuerungen sowohl Programm- als auch Datenspeicher benö-
tigt. Anfangs wurden aus Gründen der Informationsbeständig-
keit nullspannungssichere, d.h. bei Ausfall der Versorgung
ihre Information behaltende programmierbare Nur-Lese-Spei-
cher eingesetzt. Die Verwendung von Schreib-Lese-Speichern
als Programmspeicher erfordert eine Informationssicherung
durch eine zuverlässige Batteriepufferung. Vorteilhaft eig-
nen sich für diesen Zweck Speicher in CMOS-Technik, deren
Verlustleistung im nicht aktiven Betrieb sehr gering ist
und damit den Einsatz von Pufferbatterien kleiner Kapazität
über längere Zeiträume ermöglichen.

Als Datenspeicher sind an erster Stelle die bitorientierten
Schreib-Lese-Speicher zu nennen, welche zur Speicherung binärer Zwischenergebnisse erforderlich sind. Ihrer Kapazität
entsprechen im Operandenbereich die Anzahl adressierbarer
binärer Merker und der Bedarf an ihnen ist dann besonders
groß, wenn im Befehlsvorrat die direkte Abarbeitung mehr-
stufiger Boolescher Gleichungen nicht möglich ist. Eine
Pufferung dieses Speichers ist dann notwendig, wenn steue-
rungsinterne Zustände beim Spannungsausfall gesichert werden müssen.

Wortorientierte Datenspeicher zur Ablage von Dateien wie
z.B. Werkzeug- oder Werkstücklisten sind zunehmend anzu-
treffen, wobei eine Pufferung dieser Speicher unabdingbar
ist. Die Wortbreite beträgt üblicherweise ein Byte oder ein
mehrfaches davon und ist auf die Organisation der Halblei-

Speicherart \ Kriterien	ROM — Read Only Memory	PROM — Programmable Read Only Memory	EPROM — Erasable Programmable Read Only Memory	EEPROM — Electrically Erasable Programmable Read Only Memory	NVRAM — Non Volatile Random Access Mem	RAM — Random Access Memory
Verhalten bei Spannungsausfall	nullspannungssicher					nicht nullspannungssicher
Speicherorganisation	byteorientiert typ. $2k \times 8$ bis $64k \times 8$			byteorientiert typ. $2k \times 8$	byteorientiert typ. 512×8	bitorientiert typ. $16k \times 1 \ldots 256k \times 1$ und byteorientiert typ. $2k \times 8 \ldots 8k \times 8$
mittlere Dauer Lesezyklus	150 ns .... 450 ns			100 ns .... 200 ns		
mittlere Dauer Schreibzyklus				10 ms	100 ns .... 200 ns	
Eignung als Programmspeicher für SPS	nicht geeignet. Programmierung bei der Herstellung (Maske)	bedingt, einmalige Programmierung nach der Herstellung	sehr gut, löschbar durch UV-Licht	gut, elektrisch löschbar	bedingt, geringe Speicherkapazität	sehr gut, Batteriepufferung gegen Programmverlust erforderlich
	Programmänderung außerhalb der Steuerung			Programmänderung innerhalb der Steuerung		
Eignung als Datenspeicher für SPS	nicht geeignet	bedingt für feste Daten			sehr gut für aktuelle Daten	evtl. Pufferung erforderung

Bild 3.5: Eigenschaften und Eignung von Halbleiterspeichern für speicherprogrammierbare Steuerungen

terspeicher abgestimmt. Bild 3.5 gibt eine Übersicht von
Halbleiterspeichern und ihre Verwendung bei speicherprogrammierbaren Steuerungen wieder.

Die Festlegung der Kapazität des Programmspeichers wurde
bei den ursprünglich nur einzelsignalverarbeitenden speicherprogrammierbaren Steuerungen am Produkt aus der Summe
der adressierbaren Ein- und Ausgänge und dem Faktor der
logischen Verknüpfungstiefe, welche mit maximal 10 angenom-
men wurde /15/, orientiert, wobei in erste Linie Platz- und
Kostengründe den Ausschlag bei der Dimensionierung gaben.
Weiterhin wurde auch, bedingt durch die zyklische Arbeitsweise und die nicht strukturierte Programmierung, der maximal adressierbare Speicherbereich aus dem Quotienten von
maximaler Zykluszeit (üblicher Wert 20 Millisekunden) und
der Befehlsausführungszeit ermittelt.

Eine Steigerung des Durchsatzes und die damit verbundene
Erhöhung der Programmspeicherkapazität kann durch hardware-
seitige oder programmtechnische Maßnahmen erreicht werden.
Im ersten Fall ist die Verkürzung der Befehlsausführungszeit
durch schnellere Prozessoren oder durch Verteilen von Aufgaben auf mehrere Prozessoren (Einzelsignal- und Wortverarbeitung) möglich.

Im zweiten Fall muß durch eine geänderte Programmstruktur,
welche nur die für den aktuellen Prozeßzustand relevanten
Programmteile in der Abarbeitung berücksichtigt, oder durch
eine prozeßgesteuerte Abarbeitung eine Verkürzung der Zykluszeit erzielt werden. Im Sonderfall der Ablaufsteuerungen kann dies leicht erreicht werden, indem nur Weiterschaltbedingungen zum nächsten Schritt geprüft werden und
die Programmverzweigung explizit durch Sprungbefehle oder
automatisch ausgeführt wird. Letzteres ist jedoch noch
nicht Stand der Technik.

Die bestehende Entwicklung hinsichtlich Integrationsdichte

und Kosten pro Byte Speicherplatz begünstigen sicher eine
großzügige Festlegung der Speicherkapazität, so daß die in
den folgenden Kapiteln dargelegten Anforderungen bezüglich
der Programm- und Datenspeicher keine Einsatzhemmnisse darstellen werden. Zudem wird durch die Implementierung eines
leistungsfähigen Befehlsvorrats eine effektivere Nutzung
der Speicherkapazität ermöglicht.

3.4 Prozeßvariable und interne Variable

Als Prozeßvariable werden üblicherweise die Ein- und Ausgänge bezeichnet, da sie direkt die Verbindung zwischen
speicherprogrammierbarer Steuerung und Prozeß bilden. Unter
dem Begriff interne Variable werden Merker, Zeitglieder,
Zähler und Bausteine zusammengefaßt, da sie nicht unmittel-
bar im Signalfluß von und zum Prozeß liegen. Die Anzahl
adressierbarer Prozeßvariablen ist eine Funktion des vorgesehenen Einsatzes der speicherprogrammierbaren Steuerung.
Einfache Bearbeitungsmaschinen, deren Funktionseinheiten
nicht mit wortorientierter technologischer Information versorgt werden und bei denen keine übergeordnete Steuerung
vorhanden ist, erfordern meist weniger als je 64 Ein- und
Ausgänge. Numerisch gesteuerte Fräs- und Drehmaschinen liegen hinsichtlich der Anzahl erforderlicher Ein- und Ausgänge im Bereich von 64...256. Bei Bearbeitungszentren und
Sondermaschinen erstreckt sich dieser Bereich von 64...512
und bei zentralgesteuerten Transferstraßen kann man von
einer Mindestanzahl von je 128 Ein- und Ausgängen bis zu
einer Zahl über 1000 ausgehen.

Diese aus einem repräsentativen Maschinenspektrum ermittelten Zahlen zeigen, daß es nicht sinnvoll ist, eine hinsichtlich ihres Aufbaugrades universell einsetzbare speicherprogrammierbare Steuerung zu entwickeln. Vielmehr müssen
Gerätefamilien konzipiert werden, welche Aufwärtskompatibilität bei gleichbleibenden peripheren Baugruppen bieten,

oder es müssen Geräte entwickelt werden, die für den dezentralen Einsatz die erforderlichen Schnittstellen und
Synchronisationsfunktionen aufweisen.

Die Anzahl erforderlicher Merker, Zeitglieder und Zähler
läßt sich nicht einfach aus den gegebenen Einsatzbedingun-
gen ableiten; die generelle Notwendigkeit von Merkern und
Zeitgliedern ist unbestritten. Zähler können vorhanden
sein, ihr Bedarf bei der heutigen Struktur automatisierter
Fertigungseinrichtungen ist jedoch noch gering. Zunehmende
Bedeutung erhalten die Programm- und Funktionsbausteine,
welche einerseits der Strukturierung des Anwenderprogramms,
andererseits der Implementierung leistungsfähiger Funktionen in die speicherprogrammierbare Steuerung ohne Berücksichtigung der Realisierung dienen.

3.5 Schnittstellen

Schnittstellen bei speicherprogrammierbaren Steuerungen
beschränken sich zumeist auf die parallele Schnittstelle
zum Prozeß und die parallele oder serielle Schnittstelle
zum Programmier- und Testgerät. Schnittstellen zu herstel-
lerspezifischen, übergeordneten Steuerungseinrichtungen
oder gleichartigen Geräten sind teilweise vorhanden. Die
bisher dominierende Lösung ist der Anschluß aller Teilnehmer mit Ausnahme des Programmiergerätes über die Ein- und
Ausgänge der speicherprogrammierbaren Steuerung (Bild 3.6),
d. h. auf Funktion und Erfordernisse der Teilnehmer zugeschnittene Schnittstellen sind nur bedingt vorhanden.

Prozeßschnittstellen für binäre und analoge Ein- und Ausga-
besignale sowie standardisierte Datenschnittstellen für
speicherprogrammierbare Steuerungen werden in /11/ schwerpunktmäßig nur bezüglich ihrer elektrischen Eigenschaften
behandelt; bei Datenschnittstellen werden ausschließlich
serielle mit Sternstruktur betrachtet.

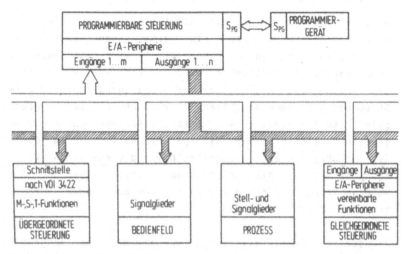

S_{PG} Schnittstelle zum Programmiergerät

Bild 3.6: Standard-Schnittstellenstruktur bei speicherprogrammierbaren Steuerungen

Vom Anwender universell verwendbare serielle Schnittstellen
sind noch nicht Stand der Technik /17/, befinden sich jedoch
in einer fortgeschrittenen Normungsphase unter der Feder-
führung des MAP-Arbeitskreises /18/. (MAP: Manufacturing
Automation Protocol - ein von General Motors gestartetes
Standardisierungsvorhaben unter Mitwirkung bedeutender
Hersteller von Automatisierungssystemen). Die weitere Behandlung dieses Themas erfolgt in Kapitel 6.

3.6 Aufbautechnik

Der Einsatz speicherprogrammierbarer Steuerungen als Ersatz
der konventionellen verbindungsprogrammierten Relais- oder
Schützentechnik wird oft aufgrund primärer Kostenbetrach-
tungen entschieden. Speziell für diese Einsatzfälle sind
Untersuchungen über die einzelnen Kostenfaktoren durchgeführt worden /19, 20/.

Diese verteilen sich auf die elektrischen oder elektroni-
schen Komponenten und auf die mechanischen Bauteile wie
Stecker, Kartenführungen, Rahmen etc.. Wird als Ausgangs-
grundlage für die Kostenuntersuchung ein bestimmter Funktionsumfang und Ausbaugrad der speicherprogrammierbaren
Steuerung bei einem gewählten Abarbeitungsprinzip zugrunde
gelegt, so ist damit gleichzeitig der Aufwand an Logikbau-
steinen festgelegt. Der einzige Freiheitsgrad in diesem
System, über den eine Kostenverminderung vorgenommen werden
kann, bilden dann die mechanischen Bauteile, wobei der Aufwand an Mechanik durch die gewählte Aufbautechnik vorgegeben wird /20/.

Grundsätzlich existieren zwei Lösungen, die aus Baugruppen
aufgebaute modulare Lösung und die Kompaktlösung. Kenn-
zeichnende Begriffe für beide Lösungen sind Magazintechnik
und Großkartentechnik. (Kleinsteuerungen in Kompaktbauweise mit ihrem geringen Funktionsumfang werden nicht berücksichtigt). Vor- und Nachteile beider Lösungen zur Abgrenzung der Anwendungsbereiche enthält Bild 3.7.

Kriterien	wesentliche Eigenschaften	
	Magazin-Technik	Großkarten-Technik
o Anwendungsbereich	- Sonderlösungen - Variantenkonstruktion mit stark unterschiedlichen Ausbaustufen (Funktion und Anzahl)	- Serienlösungen - Variantenkonstruktion mit wenig unterschiedlichen Ausbaustufen (Anzahl)
o Funktionserweiterung	auch durch Hardware möglich	nur in der Software
o Technische Nachführbarkeit	partiell leicht möglich auf Modulebene	partiell nur durch Neuentwurf
o Prüf-und Testaufwand	gering wegen der Modularität	sehr hoch
o Aufwand mech. Komponenten	sehr hoch (Magazin, Steckverbinder)	gering
o Montageaufwand	hoch	gering
o Platzbedarf	räumlich groß	flächig groß
o Integrierbarkeit	schwierig wegen der Einbautiefe	platzsparender Einbau möglich (2.Ebene)

Bild 3.7: Aufbautechnik speicherprogrammierbarer Steuerungen

So findet man vor allem die Kompaktlösung in Großkartentechnik und mit bereits integrierter Klemmleiste zum Anschluß
der Prozeßsignale bei Anwendern, die ihre verbindungspro-
grammierbare Steuerungen ersetzen und lediglich die Vorteile einer universellen Hardware, der Verkürzung von
Durchlaufzeiten und vereinfachten Test- und Diagnosemög-
lichkeiten ausnützen. Modulare Lösungen sind dort vorteilhaft, wo ein breites Spektrum von Erweiterungsmöglichkeiten
hinsichtlich Funktion und Anzahl und ein stufenweiser Aufbau gefordert ist /21/.

Eine Trennung der Komponenten speicherprogrammierbarer
Steuerungen in funktionsspezifische und prozeßspezifische
Baugruppen und die Standardisierung besonders der zuletzt
genannten (vgl. Abschnitt 6.1.4) kann Vorteile der Großkartentechnik in der Magazintechnik nutzbar machen. Dieser
Aspekt gewinnt zunehmend an Bedeutung, besonders bei räumlich verteilten Fertigungsanlagen wie Transferstraßen,
bei denen ein dezentraler Einsatz speicherprogrammierbarer
Steuerungen eine Strukturverbesserung und Kosteneinsparungen
ermöglichen soll.

3.7 Befehlsvorrat und Programmierung

Der Befehlsvorrat speicherprogrammierbarer Steuerungen ist
eine entscheidende Kenngröße bei der Beurteilung ihrer
Leistungsfähigkeit und Eignung für den geplanten Einsatzfall oder -bereich. Er kann jedoch nicht losgelöst von der
Programmerstellung betrachtet werden. Dies wird verständlich, wenn man die verschiedenen Möglichkeiten betrachtet,
die es von der Beschreibung der Steuerungsaufgabe bis zu
deren programmtechnischen Lösung gibt und welche Unterschiede zwischen den jeweiligen Beschreibungsformen und
den dokumentationsfähigen Programmdarstellungen bestehen.

3.7.1 Beschreibungsform und Programmdarstellung

Eine Übersicht über mögliche Beschreibungsformen und Programmdarstellungen gibt Bild 3.8, das eine Unterteilung in
realisierungsunabhängige und realisierungsbezogene Formen
enthält /8,9,12,22,23,24,25/.

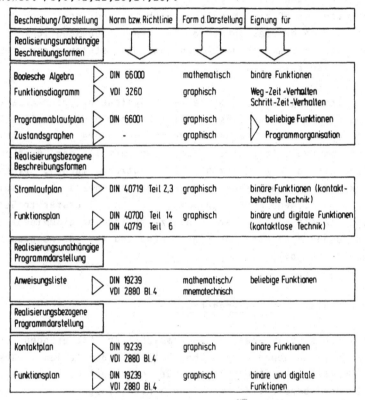

Beschreibung/Darstellung	Norm bzw. Richtlinie	Form d. Darstellung	Eignung für
Realisierungsunabhängige Beschreibungsformen			
Boolesche Algebra	DIN 66000	mathematisch	binäre Funktionen
Funktionsdiagramm	VDI 3260	graphisch	Weg-Zeit-Verhalten Schritt-Zeit-Verhalten
Programmablaufplan	DIN 66001	graphisch	beliebige Funktionen
Zustandsgraphen	-	graphisch	Programmorganisation
Realisierungsbezogene Beschreibungsformen			
Stromlaufplan	DIN 40719 Teil 2,3	graphisch	binäre Funktionen (kontaktbehaftete Technik)
Funktionsplan	DIN 40700 Teil 14 DIN 40719 Teil 6	graphisch	binäre und digitale Funktionen (kontaktlose Technik)
Realisierungsunabhängige Programmdarstellung			
Anweisungsliste	DIN 19239 VDI 2880 Bl.4	mathematisch/ mnemotechnisch	beliebige Funktionen
Realisierungsbezogene Programmdarstellung			
Kontaktplan	DIN 19239 VDI 2880 Bl.4	graphisch	binäre Funktionen
Funktionsplan	DIN 19239 VDI 2880 Bl.4	graphisch	binäre und digitale Funktionen

Bild 3.8: Beschreibungsformen und Programmdarstellung für
Steuerungsaufgaben

Eine Beschreibungsform ist dann für den Einsatz und Betrieb
speicherprogrammierbarer Steuerungen besonders geeignet,
wenn sie nahezu unverändert in der Programmdarstellung,

d.h. in der gelösten Steuerungsaufgabe wieder zu erkennen ist und somit nicht zwei unterschiedliche "Sprachen" auf Entwurfs- und Realisierungsebene vorhanden sind. Diese Zuordnung ist bei den realisierungsbezogenen Beschreibungsformen und Programmdarstellungen gegeben. Bei den realisierungsunabhängigen Methoden trifft dies nur zu, wenn der Einsatzfall für die jeweilige Beschreibungsform geeignet ist, oder wenn sich durch die Wahl des Befehlsvorrates ein besserer Bezug zwischen Beschreibung und Darstellung herstellen läßt. Dieser Bezug fehlt auch beim Verfahren mit Zustandsgraphen, wenn es mit dem Befehlsvorrat heutiger speicherprogrammierbarer Steuerungen unter hohem Aufwand programmtechnisch umgesetzt wird.

3.7.2 Befehle für binäre Funktionen

Zum intuitiven Entwurf der Lösung von Steuerungsaufgaben mit binären Funktionen sind graphische Beschreibungsformen wie Stromlaufplan und Funktionsplan, vom Aufbau her auf die Belange der verbindungsprogrammierten Realisierung abgestimmt, heute noch weit verbreitet. Außerdem wird oft beim Ersatz konventioneller Lösungen durch speicherprogrammierbare Steuerungen die Darstellungsform der funktionsfähigen verbindungsprogrammierten Lösung unverändert als Grundlage für die Programmerstellung übernommen. Systematische, realisierungsunabhängige Entwurfsverfahren basieren im Bereich der binären Funktionen auf den Regeln der Booleschen Algebra, die, als Beschreibungsform zur Zeit kaum angewendet, erst mit dem vermehrten Einsatz dieser Verfahren an Bedeutung zunehmen wird.

Im Befehlsvorrat spiegelt sich dies vor allem durch eine konsequente Abbildung ihrer Regeln wieder. Die Beschreibung von Steuerungsaufgaben mit Zustandsgraphen ist ein solches systematisches Verfahren, wobei speziell in den Übergangsbedingungen maschinenspezifischer Funktionseinheiten binäre

- 44 -

Funktionen überwiegen /5/. Bild 3.9 zeigt die verschiedenen
Möglichkeiten, binäre Verknüpfungen unter Einbeziehung von
Beschreibungsformen programmtechnisch zu realisieren.

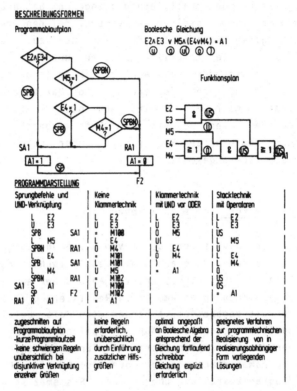

Bild 3.9: Eignung des Befehlsvorrates für binäre Funktionen
in Abhängigkeit von der Beschreibungsform

Es wird deutlich, daß sich ein Befehlsvorrat mit Klammer-
technik und der Vereinbarung, die UND- vor der ODER-Ver-
knüpfung auszuführen, optimal für binäre Funktionen eignet,
sofern diese als Boolesche Gleichung vorliegen. Die Verwendung der Stacktechnik mit Operatoren läßt sich dagegen
vorteilhaft auf realisierungsabhängige Beschreibungsformen
anwenden. Der Vorteil einer kurzen Programmlaufzeit, der in

beiden Fällen nicht vorhanden ist, wird mit den für den Programmablaufplan notwendigen Sprungbefehlen erreicht.

Die Auswertung binärer Abfrage- oder Verknüpfungsergebnisse erfolgt überwiegend durch Zuweisung auf eine Variable und speicherndes Setzen oder Rücksetzen. Die teilweise Abkehr von der starren unverzweigten Programmabarbeitung wird ermöglicht durch die Einführung von Operationen zur Programmorganisation , die in Abhängigkeit eines Verknüpfungsergebnisses ausgeführt werden können. Während diese Operationen nur das statische Ergebnis einer Abfrage oder Verknüpfung auswerten, ist für Zählvorgänge, welche hauptsächlich zum Erfassen und Dokumentieren von Ereignissen verwendet werden, nur der Zustandswechsel von Bedeutung.

3.7.3 Befehle für digitale Funktionen

Mit zunehmendem Einsatz speicherprogrammierbarer Steuerungen wuchs sowohl beim Anwender als auch beim Hersteller das Bewußtsein , daß diese Geräte nicht nur Ersatz einer herkömmlichen Technologie sind, sondern aufgrund ihrer Konzeption weit mehr Funktionen wahrnehmen können, als die üblichen Funktionssteuerungen mit ihrer Verknüpfungs- oder Ablaufcharakteristik. Dies führte sehr bald zur Einführung arithmetischer Operationen, welche über eine zusätzliche, spezielle Hardware ausgeführt wurden /26/. Inzwischen sind folgende digitale Operationen bei speicherprogrammierbaren Steuerungen bekannt:

- Disjunktive und konjunktive Verknüpfung von Daten;
- arithmetische Operationen;
- Operationen zur Codeumsetzung;
- Prüf- und Vergleichsbefehle.

Während die ersten drei Gruppen ein Ergebnis in digitaler Form liefern, kann das Ergebnis von Prüf- und Vergleichsbe-

fehlen entweder durch binäre Abschlußoperationen oder durch
Operationen zur Programmorganisation ausgewertet werden.

3.7.4 Befehle zur Programmorganisation

Mit Ausnahme der nach dem Programmablaufplan programmierten
Geräte, bei denen die Programmverzweigung in kleinen Bereichen als Abarbeitungsprinzip vorhanden ist, arbeiten
speicherprogrammierbare Steuerungen überwiegend zyklisch
mit unverzweigter Programmfolge. Dies trifft besonders für
den Bereich binärer Funktionen zu, wo die wiederholte Ausführung der Verknüpfungen einerseits aus Sicherheitsgründen
gefordert wird, andererseits eine unzulässige Ergebnisbil-
dung verhindert.

Die Einbindung digitaler Funktionen (z.B. Rechenoperatio-
nen) in das Anwenderprogramm erfordert jedoch die Abkehr von
der unverzweigten Programmabarbeitung , da diese sonst
nicht ohne weiteres in Abhängigkeit binärer Abfrage- oder
Verknüpfungsergebnisse ausgeführt werden können. Möglichkeiten zur Programmorganisation sind durch bedingte und unbe-
dingte Sprungbefehle und Unterprogrammaufrufe gegeben.

Bild 3.10 zeigt anhand eines einfachen Funktionablaufs die
Unterschiede im Programmablauf bei fehlender und vorhandener Programmorganisation. Ohne Befehle zur Programmorganisation müssen in den Programmen F2 und F3 der Maschinenfunk-
tionen Merker mitverknüpft werden, um den Ablauf zu
steuern, so daß diese Programmteile nicht unabhängig vom
jeweiligen Ablauf verwendet werden können. Dieser Nachteil
wird durch eine Programmorganisation vermieden, wobei außerdem eine Erhöhung der Transparenz, Verkürzung der Programmlaufzeit und eine Mehrfachverwendung von Programmteilen im Sinne der Bausteintechnik ermöglicht wird.

Der ursprüngliche Widerstand gegen die Einführung dieser
Operationen ist zum Teil zu sehen in der ungewohnten Weise

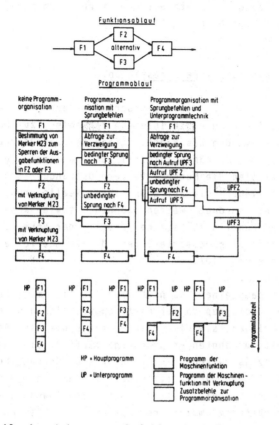

Bild 3.10: Auswirkung von Befehlen zur Programmorganisation

der Programmierung, die im Gegensatz zur verbindungsprogrammierten Realisierung eine Programmorganisation, z.B.
eine Programmaufteilung entsprechend den Betriebsarten ohne
wesentlichen Mehraufwand und eine Abkehr von der stellgliedorientierten Denkweise zuläßt. Der andere Teil liegt in der
Unzulänglichkeit der Programmier- und Testeinrichtungen
begründet, die dem Anwender für die Ausnützung der Befehle
zur Programmorganisation nicht die erforderlichen komfor-
tablen Funktionen wie symbolische Sprungziel- oder Unterpro-

grammadressierung und automatische Adressenumrechnung bei
Programmänderungen bereitstellen.

3.7.5 Operanden und ihre Adressierung

Als Operanden sind bei speicherprogrammierbaren Steuerungen
die Prozeßvariablen und die internen Variablen zu betrachten. Gefordert werden als Mindestumfang bei den Prozeßvariablen die Ein- und Ausgänge (digital und analog), bei den
internen Variablen die Merker. Weitere Operanden sind Zähler und Zeitglieder, die auf Grund ihrer Realisierung unter-
schiedlich eingeordnet werden können, sowie Konstanten,
Programm- und Funktionsbausteine, zwei in der Norm gewählte
Begriffe für nicht parametrierbare und parametrierbare Un-
terprogrammtechnik /10/.

Die Funktionsbausteine sind nicht zwangsweise mit Funktionen oder Funktionsgruppen der Fertigungseinrichtung in Verbindung zu bringen; sie dienen in erster Linie als Bausteine der bereits erwähnten Programmorganisation. Die Herstellung eines Bezugs zwischen Funktionsbausteinen und Funktionen, der den Aufbau der Fertigungseinrichtung und den Prozeßablauf widerspiegelt, ist im Sinne der Anwendungsorientierung speicherprogrammierbarer Steuerungen als Forderung
zu stellen.

Bei der Adressierung hat sich die explizite Kennung der
Operanden auf breiter Ebene durchgesetzt, so daß dem Anwender ihre Unterscheidung auf dem Niveau numerischer Adressen
erspart bleibt. Von den Adressierungsarten überwiegt die
Form der direkten Adressierung; die übrigen sind nur verein-
zelt vorhanden, obwohl sich durch die Verwendung der indirekten Adressierung in einigen Fällen große Vorteile erzielen lassen, was in Abschnitt 4.2.3 am Beispiel der
Platzcodierung gezeigt wird.

4 Analyse von Funktionsgruppen und Funktionen an Fertigungseinrichtungen

4.1 Systematik zur Ermittlung der Anforderungen an speicherprogrammierbare Steuerungen

Die Anforderungen an speicherprogrammierbare Steuerungen werden in erster Linie durch Art und Anzahl vorhandenener Funktionsgruppen (Baugruppen), d.h. direkt durch die konstruktive Auslegung der Fertigungseinrichtung bestimmt. Hinzu kommen die sich hieraus ergebenden oder zusätzlich gewünschten Funktionen aus den Bereichen Bedienung und Programmierung, Betriebsdatenerfassung, Prozeßzustandsüberwachung und Diagnose. Weitere wesentliche Anforderungen lassen sich aus ihrer Stellung innerhalb des Steuerungssystems und den erforderlichen Schnittstellen zur Kommunikation ableiten (Bild 4.1).

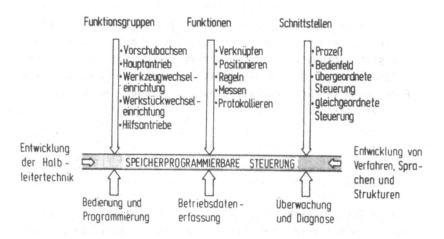

Bild 4.1: Einflußgrößen speicherprogrammierbarer Steuerungen

- 50 -

Es bieten sich zwei Wege an, aus den genannten Faktoren ein Anforderungsprofil auszuarbeiten. Der erste Weg ist die Einteilung der Fertigungseinrichtungen in Maschinengruppen, wie Drehmaschinen, Fräsmaschinen, Bearbeitungszentren, Transferstraßen usw. um den Entwurf eines gruppenspezifischen Anforderungsprofils vorzunehmen, der alle oben genannten Kriterien und Bereiche berücksichtigt. Nachteilig bei dieser Methode ist die enthaltene Redundanz der Betrachtung, da unterschiedliche Maschinengruppen durchaus gleichartige und gleichwertige Funktionsgruppen aufweisen bzw. ebensolche Funktionen und Schnittstellen erfordern.

Der zweite Weg sieht maschinenunabhängig verschiedene Betrachtungsweisen vor, deren einzelne Schwerpunkte die Funktionsgruppen, die Funktionen und die Schnittstellen bilden. Der Vorteil dieser Betrachtungsweise ist die Möglichkeit, aus gegebener und vorhandener Konfiguration von Steuerungssystem und Maschine das erforderliche Anforderungsprofil für die speicherprogrammierbare Steuerung als Resultat der allgemein gültigen Einzelbetrachtungen zu erhalten.

Außerdem werden Lösungswege aufgezeigt, wie sich eine effiziente, anwendungsorientierte Programmierung und eine Leistungssteigerung bei der Programmabarbeitung durch einen aufgabenbezogenen Befehlsvorrat und die Verlagerung von Funktionen in Funktionsbausteine mit eigener Rechenleistung erzielen lassen.

4.2 Gliederung von Fertigungseinrichtungen in Funktionsgruppen

Die in der VDI-Richtlinie 3429 /27/ enthaltene Gliederung numerisch gesteuerter Werkzeugmaschinen in Funktionsgruppen kann allgemein für Fertigungseinrichtungen verwendet werden. Sie enthält die Einteilung in

- Numerische Steuerung;
- Anpaßsteuerung;
- Maschinensteuerung;
- Vorschubsteuerung;
- Vorschubantriebe und Schlitten;
- Lagemeßeinrichtung;
- Hauptantrieb;
- Werkzeugwechseleinrichtung;
- Werkstückwechseleinrichtung;
- Hilfsantriebe;
- Sonstige Einrichtungen.

Für die weiteren Betrachtungen wird jedoch eine abweichende Gliederung aus folgenden Gründen vorgeschlagen: Die numerische Steuerung wirkt mit den von ihr ausgehenden Funktionsbefehlen auf nahezu alle Funktionsgruppen. Sie wird unter dem Aspekt der Schnittstellen getrennt in Kapitel 6.6.1 behandelt. Dasselbe trifft auch auf das in /27/ nicht explizit erwähnte Bedienfeld der Werkzeugmaschine zu, welches heute unter Berücksichtigung der geführten Bedienung, Überwachung und Diagnose einen hohen Stellenwert einnimmt.

Die vor dem Hintergrund der Schützensteuerung geprägten Funktionsgruppen Anpaßsteuerung und Maschinensteuerung werden gerätemäßig von der speicherprogrammierbaren Steuerung abgedeckt. Da gerade die Anforderungen an diese Funktionsgruppe das Ergebnis der Analyse bilden, wird sie in der Gliederung nicht berücksichtigt.

Aus steuerungstechnischer Sicht werden die Funktionsgruppen Vorschubsteuerung, Vorschubantriebe und Schlitten sowie die Lagemeßeinrichtung zu einer Funktionsgruppe zusammengefaßt und als Vorschubachse bezeichnet, wenn es sich um eine der numerischen Steuerung zugeordneten Achse handelt. Alle anderen Achsen werden als Positionierachsen bezeichnet und in der funktionsbezogenen Untersuchung unter dem Thema Positionieren behandelt.

Zu sonstigen Einrichtungen werden solche zur automatischen
Beeinflussung geometrischer und technologischer Größen
gerechnet. Dieses Thema wird in Zusammenhang mit Überwachungsaufgaben bearbeitet. Damit ergibt sich folgende neue
Einteilung:

- Vorschubachsen;
- Hauptantrieb;
- Werkzeugwechseleinrichtung;
- Werkstückwechseleinrichtung;
- Hilfsantriebe;
- Sonstige Einrichtungen.

Aus den auf die jeweilige Funktionsgruppe einwirkenden und
von ihr abgehenden Signalen werden schwerpunktmäßig die
Anforderungen an die Steuerungshardware und die anwendungsorientierten Befehle zur Verarbeitung der Information analysiert.

4.2.1 Vorschubachsen

Die Datenverarbeitungsfunktionen zur Ansteuerung von Vorschubachsen beschränken sich auf die Verknüpfung binärer
Signale, welche abhängig von den Betriebsarten als Fahrbe-
fehle von der numerischen Steuerung generiert werden und
unter Berücksichtigung der Fahrbereichsüberwachung die
Freigabe der Vorschubbewegung bewirken. Obwohl es sich bei
den Vorschubachsen um gleichartige Einheiten, d.h. um iden-
tische Funktionen handelt, lohnt es sich bei der geringen
Verknüpfungstiefe nicht, durch Verwendung von parametrier-
baren Unterprogrammen oder von Indexregistern den Programmieraufwand zu reduzieren. Zeitliche Anforderungen sind
stark von konstruktiven Gegebenheiten und Verfahrgeschwin-
digkeiten abhängig /2/. Reaktionszeiten von wenigen Millisekunden können durchaus erforderlich sein.

4.2.2 Hauptantrieb

Charakteristische Einflußmerkmale zur Ermittlung der Anforderungen der Funktionsgruppe Hauptantrieb sind die Art des Antriebs, die Ausführung eines evtl. vorhandenen Getriebes mit der Anzahl der Getriebestufen, das Vorhandensein einer Richtstellung (definierte Spindellage) für die Werkzeugwechseleinrichtung, oder die Möglichkeit der Lageeinstellung für denselben Zweck oder für Bearbeitungsvorgänge.

Mit entscheidend ist die Codierung der Funktionsbefehle, die entweder von der Handeingabe oder von der übergeordneten Steuerung herrühren. Die elementaren Funktionen wie Spindel Ein/Aus oder Rechtslauf/Linkslauf von der Handeingabe lassen sich mit Verknüpfungsfunktionen realisieren. Dieselben Funktionen von der übergeordneten Steuerung und die Drehzahlbestimmung in beiden Fällen erfordern jedoch wortorientierte Datenverarbeitungsfunktionen (Bild 4.2).

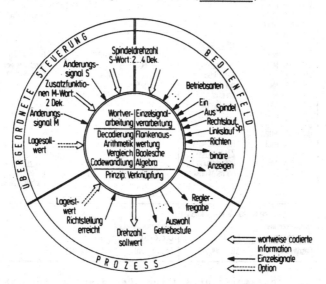

Bild 4.2: Anforderungen der Funktionsgruppe Hauptantrieb

Nach DIN 66025 /28/ werden die Funktionen für die Spindel durch das M-Wort (2 BCD-Dekaden) codiert ausgegeben, wobei jede Änderung dieses Wortes durch ein Änderungssignal angezeigt wird. Zweckmäßig für die Auswertung des Änderungssignals sind Befehle, welche die Auswertung positiver oder negativer Flanken direkt ermöglichen, ohne den Umweg der Programmierung von Merkern zu benutzen.

```
                          BEFEHLSVORRAT
  Einzelsignalverarbeitung :          Wortverarbeitung :
  Verknüpfungsbefehle                 Vergleichsbefehle, Sprungbefehle
                                      zusätzlich Befehl zur Flankenauswertung
                          PROGRAMM
  E   AENDM        Änderungssignal M
  E   M1... E M80 } Signale M-Funktion (2 Dekaden)
  EB  MWORT
  M   FLA          Flankenmerker
  M   IMP          Impulsmerker
  M   M03          M-Funktion  M03

  Opera-  Operanden- Kommentar        Opera-  Operanden- (Sprung- Kommentar
  tionsteil teil                      tionsteil teil      ziel )
  L    E  AENDM    ;Flanken-          PF   E  AENDM                ;Flanken-
  UN   M  FLA      ;auswertung                                     ;auswertung
  =    M  IMP                         SPBN           NPTEIL        ;nächster
  S    M  FLA                                                      ;Programmteil
  LN   E  AENDM
  R    M  FLA
                   ;1.M-Funktion                                   ;1.M-Funktion
  L    M  IMP      ;Decodierung       L    EB MWORT                ;Decodierung
  U    E  M1       ;M-Funktion        GL   3                       ;durch Vergleich
  U    E  M2       ;M-Funktion        S    M  M03                  ;Funktion M03
  UN   E  M4       ;durch Ver-        SPB            NPTEIL
  UN   E  M8       ;knüpfung
  UN   E  M10      ;aller Signale
  UN   E  M20
  UN   E  M40
  UN   E  M80
  S    M  M03      ;Funktion M03
                   ;2.M-Funktion                                   ;2.M-Funktion
  L    M  IMP      ;Decodierung                                    ;Decodierung
  U    E  M1       ;nächste Funktion  GL   5                       ;nächste Funktion

  Anzahl der Befehle für 5 M-Funktionen
  Flankenauswertung :   6             Flankenauswertung :   2
  Decodierung       :  50             Decodierung       :  20
  Gesamtanzahl      :  56  (100%)     Gesamtanzahl      :  22  (40%)
```

Bild 4.3: Programmieraufwand für Decodierung in Abhängigkeit vom Befehlsvorrat

Die Decodierung des M-Wortes mit Verknüpfungsbefehlen ist
programmaufwendig und im Ablauf zeitaufwendig, falls nicht
durch Sprungbefehle eine Verkürzung der Programmlaufzeit
erreicht wird. Hier ermöglichen Vergleichsbefehle für Da-
tenwerte und die Möglichkeit der Auswertung des Vergleichs-
ergebnisses durch Speicher- oder Sprungbefehle eine erhebliche Reduzierung des Programms und gleichzeitig eine Erhöhung der Transparenz. Bild 4.3 zeigt diese Vorteile anhand
eines Beispiels.

Bei Hauptantrieben mit elektrisch schaltbaren Getrieben
erfolgt die Umsetzung der von der numerischen Steuerung
ausgegebenen Spindeldrehzahl (S-Wort) in die entsprechende
Motordrehzahl bei der zugehörigen Getriebestufe zweckmäßigerweise in der speicherprogrammierbaren Steuerung. Hierzu sind folgende Datenverarbeitungsfunktionen erforderlich:

- Vergleich von BCD-codierten Daten zur Bereichsermitt-
  lung (Getriebestufe);
- Multiplikation/Division zur Berechnung der Motordrehzahl;
- Codewandlung BCD-Dual.

Weitere Voraussetzungen zur Integration der Funktionen in
die speicherprogrammierbare Steuerung sind Analogausgänge
in den Ausgabebaugruppen, mit welchen sich der geforderte
Stellbereich bei gegebener Auflösung abdecken läßt /29/.

4.2.3 Werkzeugwechseleinrichtung

Die Anforderungen, welche von Werkzeugwechseleinrichtungen
an die speicherprogrammierbare Steuerung gestellt werden,
(Bild 4.4) sind stark abhängig von dem gewählten Verfahren
der Werkzeugidentifizierung.

In der Praxis finden drei Verfahren Verwendung, die hin-

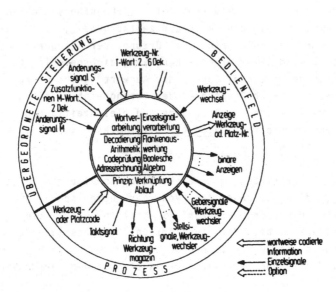

Bild 4.4: Anforderungen der Funktionsgruppe Werkzeugwechseleinrichtung

sichtlich Aufwand und Leistungsvermögen stark verschieden
sind. Es sind dies
- Werkzeugcodierung;
- Platzcodierung;
- flexible Platzcodierung.

Verfahrensunabhängig gliedert sich der Ablauf beim Wechseln
eines Werkzeugs in
- Aufbereitung des Sollwertes (Werkzeug-Nr. oder -platz);
- Werkzeugsuchlauf;
- Werkzeugwechsel.

Ausgangspunkt bei allen Verfahren ist die Bereitstellung
der Nummer des einzuwechselnden Werkzeugs als T-Wort von
der numerischen Steuerung oder vom Bedienfeld in einer Da-
tenbreite von 2...6 BCD-Dekaden. Das Verfahren der Werkzeug-

codierung erfordert als Datenverarbeitungsfunktion einen
Vergleich der Solldaten des Werkzeugs mit den Istdaten von
einer Lesestation. Die zu vergleichenden Daten können ohne
Adreßrechnung direkt von der Peripherie übernommen werden.
Eine Optimierung des Suchlaufs ist nicht möglich.

Bei der Platzcodierung ist jedem Platz im Werkzeugmagazin
ein Werkzeug fest zugeordnet. Diese Zuordnung muß in den
Speicher der programmierbaren Steuerung entweder off-line
oder on-line eingegeben werden, bevor diese Maschinenfunk-
tion verwendet wird. Diese Zuordnung ist heute üblicherweise Teil des Anwenderprogramms und wird bei der Programmerstellung vorgenommen. Eine Änderung der Platzbelegung oder
der Austausch mit Werkzeugen unterschiedlicher Codierung
erfordern deshalb eine Änderung des Anwenderprogramms.

Durch Verwendung frei verfügbarer M-Funktionen kann zwar die
Zuordnungsliste über die numerische Steuerung eingegeben
werden, diese Maßnahme stellt jedoch eine zugeschnittene
Lösung hinsichtlich NC-Programmierung und SPS-Programm
dar. Deshalb ist eine Schnittstelle an der speicherprogrammierbaren Steuerung erforderlich, die eine Dateneingabe
unter der Berücksichtigung getroffener Vereinbarungen durch
den Bediener ermöglicht. Eine weitere Forderung besteht
darin, daß diese Zuordnungstabelle bei Spannungsausfall
oder Stillsetzen der Steuerung gespeichert bleibt.

Da das vorgegebene T-Wort eine Adresse für diese Werkzeug-
liste darstellt, in welcher der zugehörige Platz hinterlegt
ist, läßt sich bei diesem Verfahren der Vorteil der indirekten Adressierung aufzeigen. Ein Beispiel mit direkter
(Bild 4.5) und indirekter Adressierung (Bild 4.6) soll dies
verdeutlichen.

```
┌─────────────────────────────────────────────────────────────────────┐
│                        ZUORDNUNGSLISTE                                │
│                                                                       │
│          Adresse  P1   │Werkzeug-Nr. a1│   WZ aᵢ ist Platz i zugeordnet│
│               :        │      :        │                              │
│          Adresse  Pn   │Werkzeug-Nr. an│                              │
└─────────────────────────────────────────────────────────────────────┘
```


ZUORDNUNGSLISTE

Adresse P1 | Werkzeug-Nr. a1 | WZ a_i ist Platz i zugeordnet
Adresse Pn | Werkzeug-Nr. an |

PROGRAMM

MB	PLATZ			Platz-Nummer
MW	P1... MW Pn			Werkzeugnummern der Plätze 1...N
MW	TNC			Nummer des gesuchten Werkzeugs

Sprungziel	Operations-teil	Operanden-teil	(Sprungziel)	Kommentar
	L	K	1	;Platz-Nr. 1
	=	MB	PLATZ	;Platz-Nr.= 1
	L	MW	P1	;Inhalt Adresse P1= WZ-Nr. a1
	GL	MW	TNC	;Vergleich mit Soll-Nr.
	SPB		KOINT	;falls gleich, WZ gefunden
	L	K	2	;nächster Platz
	=	MB	PLATZ	;Platz-Nr.= 2
	L	MW	P2	;WZ-Nr. a2
	:			
	L	K	N	;letzter Platz
	=	MB	PLATZ	;Platz-Nr.=n
	L	MW	Pn	;WZ-Nr. an
	GL	MW	TNC	
	SPB		KOINT	
	BA		WZ FEHLER	;WZ nicht gefunden
				;Fehlermeldung
KOINT	:			;WZ gefunden

Anzahl erforderlicher Befehle für 24 Werkzeuge (nur prinzipielle Befehle):
Platz-Nr. 1-n : 24×5 Befehle = 120 Befehle

Bild 4.5: Programmieraufwand für Suchlauf bei Platzcodierung
mit direkter Adressierung

Wie das Beispiel zeigt, läßt sich der Programmieraufwand
durch die Verwendung der indirekten Adressierung um nahezu
eine Zehnerpotenz verringern. Dabei geht die erhebliche
Verkürzung des Programms nicht zu Lasten der Verständlichkeit. Eine Optimierung des Suchlaufs ist möglich; sie
erfordert Datenverarbeitungsfunktionen wie Addition/Sub-
traktion bzw. Datenvergleich.

```
┌─────────────────────────────────────────────────────────────────┐
│                      ZUORDNUNGSLISTE                              │
│                                                                   │
│          Adresse P1  │ Werkzeug-Nr a1 │   WZ-Nr a_i ist Platz i   │
│                                           zugeordnet              │
│                                                                   │
│          Adresse Pn  │ Werkzeug-Nr an │                           │
├─────────────────────────────────────────────────────────────────┤
```

PROGRAMM

K	P1			Anfangsadresse Werkzeugliste
K	Pn			Endadresse Werkzeugliste
MB	PLATZ			Platz-Nummer
MW	P			aktuelle Platzadresse
MW	TNC			Nummer des gesuchten Werkzeug

Sprungziel	Operations-teil	Operanden-teil	(Sprungziel)	Kommentar
	L	K P1		.Anfangsadresse der Liste
	=	MW P		.ablegen
WZ SUCH	L	(MW) P		.Inhalt von P=WZ-Nr. a1
	GL	MW TNC		.Vergleich mit Soll-Nr
	SPB		KOINT	.falls gleich, WZ gefunden
	L	MW P		.nächste Adresse
	ADD	1		
	=	MW P		
	L	K Pn		.abprüfen ob Listenende
	GRG	MW P		.erreicht
	SPB		WZ SUCH	
	BA		WZ FEHLER	.WZ nicht gefunden .Fehlermeldung
KOINT	L	MW P		.WZ gefunden
	SUB	K P1		.Bestimmung Platz-Nr
	=	MB PLATZ		

Anzahl erforderlicher Befehle für 24 Werkzeuge	
Adress-Platzzuordnung Listenanfang	2 Befehle
WZ-Vergleich und Adressbildung	6 Befehle
Abprüfen Listenende	3 Befehle
Bestimmung Platz-Nr	3 Befehle
Gesamtanzahl	14 Befehle

Bild 4.6: Programmieraufwand für Suchlauf bei Platzcodierung mit indirekter Adressierung

Die flexible Platzcodierung bietet den Vorteil einer kurzen Zugriffszeit. Diese muß allerdings durch den Aufwand an Verwaltung erkauft werden. Die Zuordnung von Platz und Werkzeug ist variabel und wird in einer Zuordnungsliste geführt. Die Datenverarbeitungsfunktionen bei diesem Verfahren sind dieselben wie bei der Platzcodierung, d.h. indirekte Adressierung, Addition/Subtraktion und Datenvergleich.

Eine zusätzliche Verringerung des Programmieraufwandes ist erreichbar, wenn sog. Blocksuchbefehle zur Verfügung stehen. Sie ermöglichen das automatische Aufsuchen von Datenkombinationen in Listen, wobei der Listenanfang, die Listenlänge und die zu suchende Kombination die Eingabeparameter, die Adresse des gefundenen Datums oder eine Meldung bei nicht erfülltem Vergleich die Ausgabeparameter bilden.

Die Anforderungen bezüglich der Reaktionszeit treten beim Werkzeugsuchlauf auf und werden bestimmt durch die Drehgeschwindigkeit des Magazins und die geometrische Breite der Codierung. Nach dem heutigen Stand der Technik liegt die Geschwindigkeit bei Kettenmagazinen bei ungefähr 40 m/min. Legt man eine minimale Breite der Codierung von 10 mm zugrunde, so resultieren daraus zeitliche Anforderungen zur Erfassung der Codierung und der Verarbeitung in der Größenordnung von 15 ms. Liegt diese Zeit über der Zykluszeit, sind programmtechnische Maßnahmen oder alarmbildende Eingänge, die die zyklische Bearbeitung unterbrechen und den betreffenden Programmteil direkt aktivieren, zur sicheren Erfassung der Codierung notwendig.

Es ist heute aber nicht mehr ausreichend, nur die Werkzeugplatzverwaltung und den Wechsel zu betrachten. Die Fertigung mit reduziertem Bedienpersonal erfordert das Verwalten weiterer Dateien mit geometrischen oder technologischen Parametern von Werkzeugen. Dies sind beispielsweise Abmessungen, Korrekturwerte, Standzeiten oder sonstige verschleißbezogene Werte. Der Ersatz von Werkzeugen durch sogenannte Schwesterwerkzeuge erfordert einerseits eine zusätzliche Verwaltung, andererseits die Bereitstellung von Strategien zur Werkzeugüberwachung und das Auslösen des Wechsels bei Eintreten des gewählten Kriteriums wie Standzeitende, Verschleißgrenze, Bruch oder bearbeitete maximale Stückzahl pro Werkzeug. Weitere Anforderungen liegen in der Verkettung der Werkzeugwechseleinrichtung mit einem zentralen Werkzeugspeicher und dem Austauschsystem.

Der wachsende Aufgabenumfang verdeutlicht, daß die Bereitstellung von durch den Anwender konfigurierbaren Funktionsbausteinen in diesem Bereich wünschenswert ist. Die Vielfalt
möglicher Strategien und die zeitliche Belastung bei der
Einbeziehung von Überwachungsaufgaben erfordert dabei eine
hardwaremäßige Lösung, die autark Verwaltungs- und Überwachungsaufgaben von Werkzeugen ausführen kann (vgl. 4.3.2.2)
und über eine geeignete Schnittstelle von der speicherprogrammierbaren Steuerung mit Daten versorgt wird.

4.2.4 Werkstückwechseleinrichtung

Zur Automatisierung und Rationalisierung der Fertigung werden in zunehmendem Maße Werkstückwechseleinrichtungen eingesetzt. Diese erstrecken sich von der Möglichkeit eines einwechselbaren zweiten Bearbeitungstisches über Handhabungsgeräte zur Beschickung und Entnahme bis zu Palettentrans-
port- und -wechseleinrichtungen bei verketteten Systemen
wie z.B. bei flexiblen Fertigungssystemen (Bild 4.7).

Prinzipielle Ausführung	KRITERIEN			
	Steuerung	Positionierung	Steuerungsprinzip	Synchronisation
Wechseltisch	intern	Abschaltkreis	Verknüpfung	nein
Handhabungsgerät	intern	Abschaltkreis/ geregelt	Verknüpfung / Ablauf	nein
	extern	(Abschaltkreis)/ geregelt	Ablauf	ja
Palettenwechsel- einrichtung(FFS)	extern	Abschaltkreis / geregelt	Ablauf	ja

intern: in die Steuerung der
       Fertigungseinrichtung integriert
extern: separate Steuerung

Bild 4.7: Werkstückwechseleinrichtungen - Ausführungen und
        Kriterien

Die Verwendung von einwechselbaren Tischen stellt über die
Verknüpfungsoperationen hinaus keine besonderen Anforderungen bezüglich der Datenverarbeitungsfunktionen, da die
Positionierung durch Abschaltkreise und die exakte Fixie-
rung mechanisch erfolgen. Das Spannen der Werkstücke wird
manuell außerhalb des Arbeitsbereichs der Maschinen vorgenommen. Bei Handhabungsgeräten ist die Unterscheidung zu
treffen, ob ihre Funktionen mit der vorhandenen speicherprogrammierbaren Steuerung realisiert werden oder ob eine
eigene Steuerung vorhanden ist. Während die benötigten
Datenverarbeitungsfunktionen in beiden Fällen identisch
sind, ist im zweiten Fall die Art der Kopplung und die gewählte Strategie zur Synchronisierung des Ablaufs zu berücksichtigen.

Der Werkstückwechsel bei Handhabungsgeräten stellt einen in
sich geschlossenen Ablauf dar, der die Funktionsschritte
Positionieren, Aufnehmen und Ablegen beinhaltet. Bei festen
Aufnahme- und Übergabepositionen beschränkt sich der Umfang
der Datenverarbeitungsfunktionen auf Verknüpfungsfunktionen.
Die Vorgabe beliebiger Positionen läßt sich mit ausrei-
chender Positioniergenauigkeit nur durch die geregelte Positionierung verwirklichen. Die Anforderungen, welche durch
diese Zusatzfunktion an die speicherprogrammierbare Steuerung gestellt werden, sind in 4.3.1 aufgeführt. Aus ihnen
läßt sich ableiten, welche gerätemäßigen und funktionalen
Voraussetzungen gegeben sein müssen, um Positionieraufgaben mit speicherprogrammierbaren Steuerungen wahrzunehmen.

Handhabungsgeräte mit autonomer Steuerung müssen von der
speicherprogrammierbaren Steuerung mit den erforderlichen
Sollwerten (Weg/Position, Geschwindigkeit) versorgt und im
Funktionsablauf synchronisiert werden. Da Positioniervor-
gänge in Abhängigkeit von der Bearbeitung ausgeführt werden, liegen die Zeitabstände für die Sollwertausgabe meist
im Sekundenbereich. Da außerdem der Umfang der auszugeben-
den Daten wenige Bytes beträgt (maximal 3 Byte für Position

bzw. 2 Byte für Geschwindigkeit), kann die Ankopplung aufgrund des resultierenden niedrigen Datendurchsatzes über eine serielle Schnittstelle erfolgen.

Darüberhinaus läßt sich ohne zusätzlichen Hardwareaufwand die Implementierung weiterer Funktionen und ein beliebiger Datenaustausch zwischen den beiden Steuerungen vornehmen. Bei Verwendung einer parallelen Schnittstelle ist die erforderliche Breite für Daten-, Auftrags- und Quittierungssignale vorzusehen. Sie ist nur dann zu empfehlen, wenn eine serielle Schnittstelle nicht verfügbar ist. Die Synchronisation des Ablaufs kann über die Beauftragung und die Quittierung der Ausführung bewerkstelligt werden. Das geeignete Steuerungsprinzip für die Synchronisation ist das der Ablaufsteuerung.

Im Zusammenhang mit der Werkstückwechseleinrichtung muß zukünftig auch die Überwachung der Werkstücke hinsichtlich ihrer Geometrie berücksichtigt werden. Diese Funktion, die als Zwischenschritt in den Fertigungsablauf integriert werden kann, wird unter dem Aspekt prozeßnahes Messen in Abschnitt 4.3.3 untersucht.

4.2.5 Hilfsantriebe

Zu dieser Funktionsgruppe zählen Antriebe für die zum Betrieb der Maschine oder Anlage grundsätzlich oder zusätzlich erforderlichen Hilfseinrichtungen wie Hydraulikaggregate, Schmier- und Kühlmittelpumpen, Spänetransport, aber auch Werkstückstütz- oder Spanneinrichtungen. Diese Antriebe erfordern eine einfache Verknüpfungslogik, welche die Ein- und Ausschaltvorgänge in Abhängigkeit von Funktionsbefehlen und Gebersignalen steuert.

Kennzeichnend für die Funktionsgruppe ist der Bedarf an Zeitgliedern, welche während der Hochlaufvorgänge die Über-

wachung von stationären Betriebszuständen aussetzen, oder
wie im Falle der Schmierung entsprechende Zeitintervalle
vorgeben. Aus Sicht des Anwenders ist die leichte Einstell-
barkeit der Zeitglieder wichtig, da häufig die Zeitwerte
den aktuellen Betriebsbedingungen angepaßt werden müssen.

4.2.6 Ergebnisse der Untersuchung

Die in **Bild 4.8** enthaltene Zusammenfassung der Anforderungen der Funktionsgruppenuntersuchung ergibt, daß im Bereich
der Einzelsignal- und Wortverarbeitung der bekannte Stan-
dardbefehlssatz nur von wenigen neuen, allerdings in ihrem
Nutzen wirkungsvollen Befehlen und Adressierungsarten
ergänzt werden sollte, wie es in den Beispielen verdeutlicht wurde. Es zeigt sich jedoch auch, daß neue Funktionen
und Schnittstellen gefordert werden, für die sich entsprechend der gewählten Vorgehensweise eine getrennte Untersuchung anbietet.

Funktionsgruppe	Befehlsebene				Zukünftige Funktionen und Schnittstellen	
	Einzelsignalverarbeitung Standard	neu	Wortverarbeitung Standard	neu		
Vorschubachse	Verknüpfung					
Hauptantrieb	Verknüpfung	Flanken- auswertung	Decodierung Arithmetik Codewandlung	Codeprüfung	Positionieren	
Werkzeugwechsel- einrichtung	Verknüpfung	Flanken- auswertung	Decodierung Arithmetik Vergleich	•Codeprüfung •Blocksuch- befehle •Indirekte Adressierung	Werkzeugver- waltung und -überwachung	•Dateneingabe •Verkettung mit zentralem Werkzeugsystem
Werkstückwechsel- einrichtung	Verknüpfung	Flanken- auswertung	Decodierung Vergleich	Codeprüfung	•Positionieren •Prozeßnahes Messen	•Dateneingabe •Synchronisation
Hilfsantriebe	Verknüpfung		Vergleich			Dateneingabe

Bild 4.8: Anforderungen aus den Funktionsgruppen

Die Realisierung dieser Funktionen in Hardware oder Software ist im wesentlichen abhängig von der Notwendigkeit einer
anwendungsorientierten Konfigurierung und den zeitlichen
Anforderungen, die sich für die speicherprogrammierbare
Steuerung jeweils ergeben. Es ist jedoch in jedem Fall
erforderlich, für die Beauftragung von Funktionen und die
Abwicklung des Schnittstellenverkehrs anwendungsorientierte
Befehle bereitzustellen, die eine effiziente und transpa-
rente Programmierung gewährleisten.

4.3 Funktionen für Fertigungseinrichtungen

Die funktionsbezogene Analyse soll die Untersuchung der
Funktionsgruppen abrunden und ergänzen. Es wird eine exem-
plarische Analyse von Funktionen vorgenommen, welche als
Ergebnis der Funktionsgruppenbetrachtung gefordert werden,
und von solchen Funktionen, deren Bedeutung von genereller
Art ist und die dem Bereich der Prozeßüberwachung und Betriebsdatenerfassung zugeordnet sind.

4.3.1 Positionieren

Die Verwendung lagegeregelter Vorschubachsen im Bereich
des Werkzeugmaschinenbaus ist bis heute im wesentlichen auf
numerisch gesteuerte Bearbeitungsmaschinen beschränkt. Die
Zustellung der Achsen bei Transferstraßen oder Sondermaschinen erfolgt üblicherweise durch Abschaltkreise über
Nocken und Anschläge. Auch im Bereich der Fördertechnik und
bei einfachen Werkstückhandhabungssystemen sind Abschaltkreise die übliche Art der Positionierung. Den Vorteilen
einer lagegeregelten Positionierung stehen die hohen Kosten
der Realisierung gegenüber, die von den Komponenten Antrieb
mit Leistungsverstärker, Meßsystem und Steuerung zur Führungsgrößenerzeugung und Lageregelung verursacht werden.

Der verbreitete Einsatz speicherprogrammierbarer Steuerungen
und das Vordringen in Anwendungsgebiete, die über die klas-
sische Steuerungstechnik hinausgehen, führen zu Überlegun-
gen, das Positionieren als Teilaufgabe speicherprogrammierbarer Steuerungen zu realisieren. Einige Einsatzbereiche und
-beispiele für einfache Positionieraufgaben (Punkt- oder
Streckensteuerung) sind in Bild 4.9 aufgeführt.

Einsatzbereiche	Anwendungsbeispiele
o Transferstraßen	numerisch gesteuerter Schlitten an Bearbeitungsstationen
o Sondermaschinen	numerisch verstellbare Mehrspindelbohrköpfe
o Allgemeiner Maschinenbau	Ersatz konventioneller Nockensteuerungen (Abschaltkreise) für Zuführachsen z.B. an Säge-oder Ablängmaschinen
o Handhabungssysteme	Positionierung von Zuführeinrichtungen Arbeitsraumerweiterung für Industrieroboter
o Förder-und Lagertechnik	Positionierung von Regalförderzeugen

Bild 4.9: Positionieraufgaben -
Einsatzbereiche und Beispiele

Die Anforderungen an die speicherprogrammierbare Steuerung
und die Lösungswege zur Übernahme des lageregelten Posi-
tionierens werden anhand der Teilaufgaben
  - Führungsgrößenerzeugung,
  - Lageistwertbildung,
  - Lageregelung
    (Soll-Ist-Vergleich, Sollwertberechnung und -ausgabe)

unter Berücksichtigung der charakteristischen Einflußgrößen
und des Einsatzbereiches ermittelt. Eine Zuordnung von Einflußgrößen und Teilaufgaben ist in Bild 4.10 wiedergegeben.

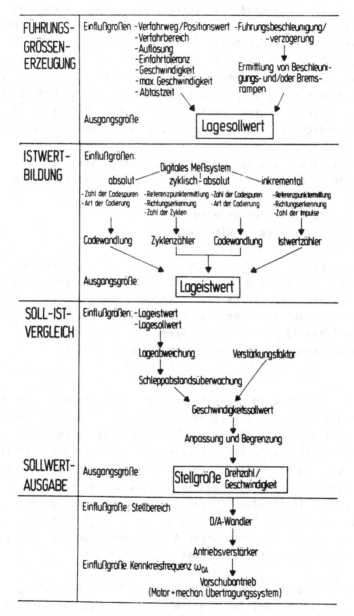

Bild 4.10: Positionieren - Teilaufgaben und Einflußgrößen

Durch die umfassende Darstellung der Teilaufgaben und Einflußgrößen soll verdeutlicht werden, welche Anforderungen durch die Funktion Positionieren insgesamt gestellt werden. Diese betreffen sowohl gerätetechnische Belange wie die Anpassung an Meßsysteme, Antriebsverstärker und Antriebe, aber auch die Leistungsfähigkeit hinsichtlich Befehlsvorrat und Abarbeitungsgeschwindigkeit, wobei insbesondere die Führungsgrößenerzeugung maßgeblichen Einfluß besitzt.

Die Verarbeitung der geometrischen Daten setzt in der speicherprogrammierbaren Steuerung die Datenverarbeitungsfunktionen
  - Addieren/Subtrahieren
  - Multiplizieren/Dividieren
voraus.
Die zeitlichen Anforderungen für die Lageregelung sind durch die Wahl der Abtastzeit gegeben, welche ihrerseits umgekehrt proportional der Kennkreisfrequenz des verwendeten Antriebs ist und je nach Anwendungsfall im Bereich von 5 bis 20 Millisekunden liegt. Die Bereitstellung eines Zeittaktes in diesem Bereich muß gewährleistet sein.

Eine prinzipielle Möglichkeit der Realisierung der Funktionseinheit Positionieren ist die Übernahme der Aufgaben in die speicherprogrammierbare Steuerung nach Bild 4.11. Die prozeßseitige Signalanpassung kann durch ein Achsinterface erfolgen, sofern die Grundausstattung der Steuerung hinsichtlich der Ein- und Ausgänge die erforderlichen Baugruppen nicht aufweist. Bei dieser Lösung muß geprüft werden, ob die zeitliche Belastung durch die Aufgaben der Lageregelung mit den zeitlichen Anforderungen der übrigen Verarbeitung technologischer Daten vereinbar ist.

Die Abhängigkeit der Zykluszeit von der Programmlänge verbietet in den meisten Fällen die direkte Einbindung von Positionieraufgaben in die speicherprogrammierbare Steuerung;

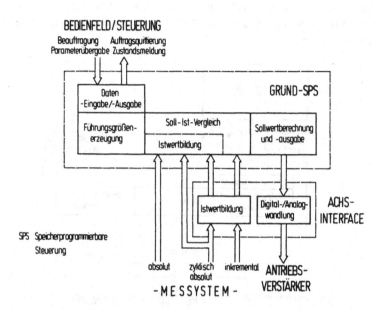

Bild 4.11: Direktes Positionieren mit speicherprogrammierbaren Steuerungen

bei fester Zykluszeit ist die Anpassung der Abtastzeit an
den Antrieb nicht mehr möglich. Die von Prozeßrechnern bekannte Technik, Rechenprozesse (Tasks) in Abhängigkeit von
externen Ereignissen oder Zeitgebern und entsprechend einer
vorgebbaren Priorität zu aktivieren, erfordert allerdings
eine aufwendigere Betriebssystemarchitektur und erschwert
die anwendungsorientierte Programmierung. Ihre Verwendung
bringt damit Nachteile gegenüber der zyklischen Programmabarbeitung mit sich.

Die zweite Realisierungsmöglichkeit sieht die Konzentration
der mit der Funktion Positionieren verbundenen Aufgaben
in einer autark arbeitenden Einheit vor (Bild 4.12). Diese
Einheit besitzt zwei Schnittstellen, eine systembedingte

zur speicherprogrammierbaren Steuerung mit universell fest-
legbarem Datenaustausch und eine prozeßabhängige zur Anpassung der Einheit an die zur Verwendung vorgesehenen Meßsysteme und Antriebe.

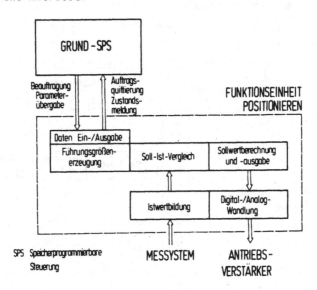

Bild 4.12: Positionieren mit intelligentem Positioniermodul

Der Vorteil dieser Lösung liegt in der geräte- und aufgabe-
mäßigen Trennung. Die standardisierbare Funktion Positionieren wird als eine Fähigkeit der speicherprogrammierbaren
Steuerung angesehen. Sie wird vom Anwender lediglich mit
Parametern versorgt und beauftragt. Eine Belastung durch
die Führungsgrößenerzeugung und Lageregelung entfällt und
erlaubt daher bei entsprechender Auslegung der Schnittstelle zwischen Steuerung und den Funktionseinheiten die Ankopplung weiterer Positioniereinheiten.

Allerdings ist es parallel dazu auch auf der Ebene der Bedienung und Programmierung erforderlich, die Versorgung
mit Parametern und die Beauftragung den aufgabenspezifi-

schen Belangen anzupassen, so daß die hardwarebedingte
Leistungssteigerung auch im Softwarebereich voll genutzt
werden kann. Dies wird z.B. durch eine funktionsorientierte
Programmierung ermöglicht, wie sie in Abschnitt 5.1 vorgeschlagen ist.

4.3.2 Überwachung und Diagnose

Der zunehmende Automatisierungsgrad bei Fertigungseinrichtungen, der eine möglichst hohe Nutzung bei geringem Perso-
naleinsatz und gleichzeitiger Verbesserung der Qualität zum
Ziel hat, erfordert zwangsläufig eine Ausweitung und Verbesserung der Methoden und Aufgaben auf dem Gebiet der
Prozeßdatenerfassung und -auswertung zum Zwecke der Überwachung und Diagnose.

Nach Bild 4.13 ist diese Aufgabenstellung gegliedert in die
Teilbereiche Fehlererkennung und -lokalisierung und die
Fehleranzeige.

FEHLERERKENNUNG und-LOKALISIERUNG	DATENVERARBEITUNGS-FUNKTIONEN	FEHLERANZEIGE
Direkte Auswertung von Sensorsignalen	Verknüpfung	Binäre Anzeigen
-binär	Verknüpfung	
-(analog) digital	(Codewandlung) Vergleich	
Auswertung unzulässiger Wertekombinationen	Wort-verarbeitung	Digitale Anzeigen
-Sensorsignal	Verknüpfung	
-Steuerungszustand	und Vergleich	
Zeitüberwachung von Prozeßzustandsänderungen	Wort-/Text-verarbeitung	Alphanumerische Anzeigen und Datensichtgeräte
-Prozeßablauf	Ablaufkontrolle,	
-Zeitwert	Verknüpfung und Vergleich	

Bild 4.13: Verfahren und Funktionen für Diagnoseaufgaben

Weitergehende Aufgaben sind Maßnahmen zur Fehlerkorrektur
oder -kompensation, die jedoch nicht auf der Ebene der Funktionssteuerung durchgeführt werden, wenn die zur Geome-
trieerzeugung notwendigen Vorschubachsen nicht der speicherprogrammierbaren Steuerung zugeordnet sind.

Eine von verschiedenen Stellen /30/ durchgeführte Analyse
der Fehlerverteilung zeigt übereinstimmend, daß beim Einsatz
speicherprogrammierbarer Steuerungen etwa 95% aller Fehler
auf der Prozeßseite liegen. Diese Tatsache und die unmit-
telbare Kopplung von Prozeß und Funktionssteuerung erfordern
die Durchführung von Überwachungs- und Diagnoseaufgaben
in der speicherprogrammierbaren Steuerung. Es ist daher
zweckmäßig, Anforderungen aufzuzeigen, die zur Bewältigung
dieser Aufgaben erfüllt sein müssen.

4.3.2.1 Verfahren zur Diagnose

Verfahren zur Diagnose steuerungsexterner Fehler, auf welche
die Betrachtung beschränkt wird, und die daraus resultierenden gerätetechnischen Anforderungen an speicherprogrammierbare Steuerungen sind in /31/ und /32/ aufgelistet und
bewertet. Das Erkennen von Fehlerursachen durch Verknüpfen
von Signalen (unzulässige Geberzustände) oder durch Zeitü-
berwachung läßt sich mit dem vorhandenen Befehlsvorrat
und den Zeitgliedern einfach verwirklichen. Die Fehlerloka-
lisierung durch Vergleich des Steuerungszustandes mit Fehlermustern und die Fehleranzeige werden zweckmäßigerweise
ebenfalls mit der speicherprogrammierbaren Steuerung durchgeführt und brauchen nicht in ein externes Gerät ausgela-
gert werden.

Damit sind die einzelnen Phasen der Diagnose auf ein Gerät
konzentriert und es muß nicht wegen der Verkürzung der Stö-
rungsdauer ständig ein zusätzliches Gerät vorhanden sein.
In der speicherprogrammierbaren Steuerung müssen für alle

Funktionen der Diagnose die notwendigen Voraussetzungen ge-
schaffen werden, wobei besonders folgende Aspekte maßgebend
sind:
- Leistungsfähiger Befehlsvorrat zum Vergleich des
  Steuerungszustandes mit Fehlermustern;
- Generieren von Fehlermeldungen im Klartext;
- Bereitstellung einer ständig verfügbaren
  Anzeigeeinheit zur Fehleranzeige.

Die Forderung nach wortorientierten Vergleichsbefehlen oder
Blocksuchbefehlen zum Auffinden eines Bitmusters sind bereits bei der Funktionsgruppenuntersuchung gestellt worden.
Die übrigen Punkte sind nicht nur für die Diagnose, sondern
auch für die Überwachung und Bedienerführung relevant,
ihre Behandlung soll jedoch im Rahmen dieser wichtigen
Aufgabe speicherprogrammierbarer Steuerungen erfolgen.

Legt man die in /32/ enthaltenen Angaben über die Anzahl
von Fehlern und durchschnittlichem Textumfang pro Fehler
(40 Zeichen) zugrunde, so ergibt sich bei einer Steuerung
mit 350 Prozeßeingaben und 200 Prozeßausgaben ein maximaler
Speicherbedarf von 36000 byte für Fehlermeldungen im Klartext. Diese Meldungen enthalten immer Fehlerort und Fehler-
ursache, wobei die Zahl der Fehlerorte von Art und Umfang
der Fertigungseinrichtung abhängt. Die Fehlerursachen sind
jedoch Störungen an allgemein verwendeten Gebern und Stell-
gliedern und wiederholen sich deshalb ständig.

Es bietet sich daher der Aufbau der Fehlermeldungen aus
Schlüsselworten für mögliche Fehlerorte und -ursachen an.
Mit dieser Lösung, wie sie in Bild 4.14 dargestellt ist,
lassen sich die erforderlichen Texte mit erheblich reduziertem Speicherbedarf generieren. Ein weiterer wesentlicher Vorteil ist jedoch die Strukturierung der Fehlermeldungen, die Verwendung einheitlicher Bezeichnungen und
ein gleichbleibendes Anzeigeformat.

Zuordnung	Fehlerort		Fehlerursache
	Schlüsselwort A	Schlüsselwort B	Schlüsselwort C
1. Zeile	WZ-Wechsler	Hubzylinder	nicht ausgefahren
2. Zeile	Endschalter	2 b11	dauernd 1

Aufbau Fehlermeldung:	Speicherorganisation		Speicherbedarf
1.Zeile Zeilenkennung			
Adresse 1.Schlüsselwort	Tabelle 1	250 Schlüsselworte A	
Adresse 2.Schlüsselwort		a 14 Zeichen	3500 Byte
Adresse 3.Schlüsselwort			
Zeilenkennung	Tabelle 2	250 Schlüsselworte B	
Textkennung Anfang		a 14 Zeichen	3500 Byte
Zeichen 2			
2.Zeile Zeichen b	Tabelle 3	250 Schlüsselworte C	
Zeichen 1		a 20 Zeichen	5000 Byte
Zeichen 1			
Textkennung Ende		Gesamtbedarf	12000 Byte
Adresse 3.Schlüsselwort			

		direkte Textspeicherung	Verfahren mit Schlüsselworten
Speicherbedarf für 2-zeilige Meldung	Beispiel	69	12
	maximal	98	8 (ohne Texteinschub)

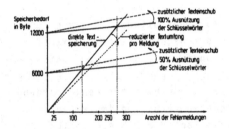

Bild 4.14: Generieren von Fehlermeldungen mit Schlüssel-
wörtern

Die gerätetechnischen Voraussetzungen für die Anzeige können
in diesem Fall einfach durch ein in die speicherprogrammierbare Steuerung integriertes oder permanent verfügbares
vielstelliges, mehrzeiliges Display geschaffen werden, welches als Anzeigeeinheit auch für Bedienfunktionen genutzt
werden kann. Betrachtet man aber über die Diagnose hinausge-
hende Funktionen aus den Bereichen Bedienung und Programmierung und die Forderung nach einer Bedienerschnittstelle
zur Daten- und Parametereingabe, so muß die Anschlußmög-

lichkeit für ein Bildschirmterminal und die Bereitstellung
der notwendigen Intelligenz in der speicherprogrammierbaren
Steuerungen generell gefordert werden.

Die damit gegebene Möglichkeit, ein grafisches Abbild der
Fertigungseinrichtung bereitzustellen und die direkte Zuordnung von Prozeßvariablen, Betriebsdaten und Meldungen zu
Baugruppen herzustellen, ist vor allem bei räumlich verteilten Fertigungseinrichtungen eine wesentliche Unterstützung für das Bedien- und Servicepersonal. Die Verbesserung
der Transparenz bringt nicht nur Vorteile im Störungsfall
durch eine Reduzierung der Stillstandszeiten, sondern generell für den gesamten Ablauf, da sich eine auf die Anlage
zugeschnittene Bedienerführung verwirklichen läßt.

Für die speicherprogrammierbare Steuerung ist hierzu ein
Funktionsmodul mit einem für die Anforderungen der Grafik
geeigneten, leistungsfähigen Prozessor und der notwendigen
Systemsoftware erforderlich, der die einfache Aufbereitung
von Anlagenbildern durch den Anwender ermöglicht. Dieser
Funktionsmodul muß auch im Zusammenhang mit der Bedienung
und Programmierung gesehen werden, um eine Konzentration
aller für das Betreiben der Fertigungseinrichtung relevanten
Informationen auf ein ständig installiertes Gerät zu erreichen. Die Diagnose mit Hilfe transportabler Programmier-
geräte hat sich nach /33/ nicht bewährt.

Bisher vernachlässigt wurde bei speicherprogrammierbaren
Steuerungen die Ferndiagnose mit Hilfe von Akustikkopplern.
Sie ist in erster Linie eine Frage der Schnittstelle und
der Korrespondenzfunktionen. Sie wird besonders vom Her-
steller der Fertigungseinrichtung gefordert, da sich durch
diese Form der Diagnose kostenintensive Seviceeinsätze beim
Anlagenbetreiber reduzieren lassen. Sollen Störungen an der
Fertigungseinrichtung zusätzlich protokolliert werden, sind
eine Echtzeituhr und eine Schnittstelle zum Anschluß eines
Druckers als weitere Anforderungen zu erfüllen.

Im folgenden wird die Funktion der Werkzeugüberwachung ana-
lysiert, die in Verbindung mit allgemein durchzuführenden
Überwachungs- und Diagnoseaufgaben Lösungsmöglichkeiten mit
Hilfe speicherprogrammierbarer Steuerungen aufzeigen soll.

4.3.2.2 Werkzeugüberwachung

Die hohe Produktivität bei Werkzeugmaschinen für spanende
Bearbeitung wird außer durch die Reduzierung der Nebenzeiten
infolge höherer Verfahrgeschwindigkeit und kürzerer Werk-
zeug- und Werkstückwechselzeiten auch durch den Einsatz
leistungsfähiger Schneidstoffe und die damit erreichbaren
hohen Schnittkräfte erzielt. Die Automatisierung der Pro-
duktion bis zur bereits teilweise durchgeführten bediener-
losen Fertigung läßt die bisherige Beobachtung des Prozeß-
ablaufs hinsichtlich prozeßbedingter Störungen wie Werk-
zeugbruch oder Werkzeugverschleiß durch den Bedienenden
und die entsprechende Einwirkung nicht mehr in dem erforderlichen Maße zu. Die Konsequenz hieraus ist die Entwick-
klung von automatisierten Verfahren und von Sensoren zur
zuverlässigen Überwachung für ein breites Werkzeugspektrum.

Verfahren zur Standzeitüberwachung über die Dauer der Ein-
griffszeit sind realisiert, infolge der schwankenden Para-
meter jedoch unter den genannten Aspekten nicht geeignet.
Die Überwachung des Werkzeugs über die produzierte Stückzahl stellt eine statistische Methode dar und bedingt keine
besonderen Maßnahmen in der Steuerung. Verfahren, die aus
den Prozeßgrößen Schnittkraft oder- moment den Werkzeugverschleiß ermitteln, sind seit langem bekannt /34/, prin-
zipbedingte Nachteile der im Zusammenhang mit Grenzwert-
oder Optimierregelungen (ACC, ACO) entwickelten Sensoren
ließen jedoch einen Einsatz über Pilotanwendungen hinaus
nicht zu. Praktikabel für bestimmte Bearbeitungsfälle ist
die Erfassung des Schnittmoments über den Motorstrom des
Hauptspindelantriebs /35/. Da inzwischen Entwicklungen von

Sensoren aktuell betrieben werden, welche die Nachteile
heute bekannter Sensoren (konstruktiver Umbau der Maschine,
Beschränkung und Unempfindlichkeit im Meßbereich) vermeiden
und einen proportionalen Istwert des am Werkzeug angreifen-
den Drehmomentes bereitstellen können, wird diese Funktion
der Werkzeugüberwachung auch in Verbindung mit der Funktionsgruppe Werkzeugwechseleinrichtung für speicherprogrammierbare Steuerungen relevant.

Die Aufbereitung des Sensorsignals in die speicherprogrammierbare Steuerung zu verlagern ist nicht zweckmäßig, da
die Hardware zur Aufbereitung des Meßsignals von der Art
des Sensors und dem gewählten Meßverfahren abhängt, und die
standardisierte Prozeßperipherie der Steuerung hierzu nicht
geeignet ist. Diese Tatsache unterstützt den in 4.2.3 enthaltenen Vorschlag, einen Funktionsmodul für alle werkzeugspezifischen Aufgaben zu konzipieren, der hinsichtlich der
Hardware an die Sensorik anpaßbar und bezüglich der Strategien zur Werkzeugüberwachung und zum Werkzeugwechsel pro-
grammierbar ist. Da zwischen Überwachung und Wechsel eine
Zwangsfolge besteht, wird diese Einheit mit den erforderlichen Daten direkt über die speicherprogrammierbare Steuerung versorgt. Die implementierten Überwachungsalgorithmen
und die den Wechsel betreffenden Aufgaben werden ohne zusätzliche Belastung autark ausgeführt.

Strategien zur Werkzeugüberwachung sind abhängig von der
geforderten Bearbeitungsgenauigkeit und Oberflächengüte,
aber auch von wirtschaftlichen Gesichtspunkten. Im einfachsten Fall erfolgt die Überwachung durch Vergleich des
Momentenistwertes mit dem werkzeugspezifischen Momenten-
sollwert (Bild 4.15). Durch die Aufnahme von Momentenver-
läufen bei der Referenzbearbeitung eines Werkstücks mit
einem Werkzeug lassen sich auch aufwendigere Strategien
realisieren, die bei der weiteren Bearbeitung den jeweiligen
Momentenistverlauf mit dem einmal aufgenommenen unter Berücksichtigung eines Toleranzbandes und dem verschleißbe-

dingten Momentenzuwachs vergleichen.

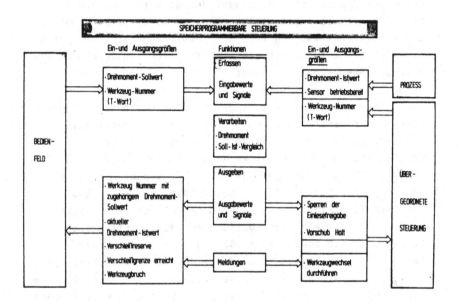

Bild 4.15: Werkzeugüberwachung über das Drehmoment

Für die Erkennung des Werkzeugbruchs aus dem Momentenverlauf gibt es kein gesichertes Verfahren. Der Funktionsmodul zur Werkzeugüberwachung setzt eine reaktionsschnelle Hardware voraus. Zusätzlich können noch weitere Aufgaben wie das Erkennen von Ratterschwingungen übernommen werden. Die Implementierung von Grenzwertregelungen in die speicher-programmierbare Steuerung ist nicht sinnvoll, da die ent-scheidenden Größen für die Beeinflussung von Spindeldreh-zahl und Vorschubgeschwindigkeit in der numerischen Steue-rung gebildet werden.

4.3.3 Prozeßnahes Messen

Meßtechnische Einrichtungen zur Überwachung des Fertigungs-
prozesses, zur Sicherung der Qualität von Werkstücken und
zur Steigerung der Produktivität gewinnen zunehmend an
Bedeutung. Sie werden in Abhängigkeit von der Fertigungs-
einrichtung und deren Flexibilität und der zu fertigenden
Stückzahl in unterschiedlichen Realisierungsformen einge-
setzt /36/. Von den Funktionen
  - Messen technologischer und geometrischer Kenngrößen,
  - Erfassen und Bewerten der Abweichung von Sollgrößen,
  - Reaktionen in Abhängigkeit von der Abweichung,

ist das Messen technologischer Kenngrößen bereits exempla-
risch durch die Momentenüberwachung vorweggenommen worden.
Das Messen geometrischer Kenngrößen umfaßt im wesentlichen
die Bestimmung von Werkstückmaßen, Werkstücklage und Werk-
zeugabmessungen. Voraussetzung zur Messung dieser Größen
sind Sensoren, die im erforderlichen Arbeitsraum eine
Erfassung von Koordinatenwerten oder Abmaßen ermöglichen.
Geeignet und vielfach angewendet werden schaltende oder
messende Taster und Lagemeßeinrichtungen. Bei letzteren
können die an der Fertigungseinrichtung vorhandenen verwendet werden, sofern ihre Auflösung ausreichend ist /37/.

Betrachtet man Aufgabenumfang und Geräteaufwand, der nach
dem heutigen Stand für das automatisierte prozeßnahe Messen
erforderlich ist (Mehrkoordinatenmeßgerät mit Auswerterech-
ner, numerische Steuerung mit angeschlossener Meßwerterfas-
sungs- und Auswerteeinheit), so ist erkennbar, daß die mit
diesen Konfigurationen durchgeführten Aufgaben nicht zusätzlich von speicherprogrammierbaren Steuerungen wahrgenommen werden können. Eine sinnvolle Integration von Meßaufgaben beschränkt sich daher auf

  - Fertigungseinrichtungen ohne numerische Steuerung und
  - einfache Aufgaben zur Messung von Toleranzabweichungen.

Bild 4.16 zeigt die Durchführung von Meßaufgaben mit einer speicherprogrammierbaren Steuerung.

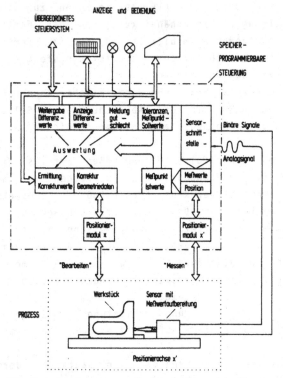

Bild 4.16: Integration von Meßaufgaben in die
speicherprogrammierbare Steuerung

Vorteile dieser Lösung, die sich insbesondere bei Transferstraßen anbietet, sind

- Trennung von Meßwertaufnehmer und Meßwertverarbeitung;
- Reduzierung des Hardwareaufwandes durch Ausnützung vor-
  handener Prozeßein- und -ausgänge und Intelligenz;
- Integration des Meßablaufs in den Gesamtablauf;
- Weiterverwendung des von der speicherprogrammierbaren
  Steuerung aufbereiteten Digitalwertes.

4.3.4 Ergebnisse der Untersuchung

Das Ergebnis der Funktionsuntersuchung zeigt außer den bereits geforderten Datenverarbeitungsfunktionen die Notwendigkeit der Bereitstellung von Bausteinen, um die erwähnten neuen Aufgabenstellungen mit speicherprogrammierbaren Steuerungen erfüllen zu können. Bei zeitkritischen Anforderungen (z.B. Positionieren, Werkzeugüberwachung) sieht das Lösungskonzept die Realisierung der Funktionen über Module mit eigener Rechnerleistung vor, so daß eine zusätzliche Belastung des zentralen Prozessors der Steuerung vermieden wird.

Standardisierbar sind solche Bausteine, die hinsichtlich ihres Funktionsumfangs nicht von der Konstruktion der Fertigungseinrichtung abhängig sind wie z.B. das Positionieren und das prozeßnahe Messen. Die Berücksichtigung konstruktiver Möglichkeiten, wie sie bei Werkzeugwechseleinrichtungen und der Werkzeugüberwachung gegeben sind, erfordert dagegen die Bereitstellung von Bausteinen, die durch den Anwender speziell den jeweiligen Erfordernissen angepaßt werden können. Die Standardisierung von Teilfunktionen (z.B. Verwaltungsaufgaben) ist bei diesen Bausteinen möglich und im Einzelfall zu überprüfen.

Eine Zusammenfassung von Konstruktionsvarianten in einem Universalbaustein ist aus folgenden Gründen nicht sinnvoll:

- die konstruktive Kreativität und das spezifische Wissen des Maschinenherstellers gehen verloren;
- die Bausteine sind überladen und nicht transparent;
- die Abarbeitung ist nicht effektiv und zeitoptimal.

Die Eingabe von Daten und Parametern muß unabhängig von der Realisierung des Bausteins über eine Benutzerschnittstelle erfolgen. Zur Einbindung und Beauftragung der Funktionen ist der bestehende oder geforderte Befehlsvorrat durch funktionsorientierte Befehle zu erweitern, welche bereits in der

Semantik den Bezug zur jeweiligen Funktion enthalten (vgl. Abschnitt 5.1).

Zur weiteren Verbesserung und Vereinfachung der Programmierung ist es jedoch nicht ausreichend, Sprachelemente zu definieren, welche nur die Strukturierung der Programme ermöglichen (Bausteintechnik). Vielmehr muß eine Sprache entwickelt werden, welche die Basis für einen strukturellen Zusammenhang zwischen der Fertigungseinrichtung und dem Programm als Lösung der steuerungstechnischen Aufgabenstellung darstellt.

Der Inhalt des folgenden Kapitels beschreibt die Erweiterung des Befehlsvorrats zur funktionsorientierten Programmierung, die Definition einer strukturorientierten Programmiersprache und die beispielhafte Realisierung und Anwendung dieser Sprache.

5 Funktions- und strukturorientierte Programmierung
  speicherprogrammierbarer Steuerungen

5.1 Erweiterung des Befehlsvorrats zur funktionsorien-
    tierten Programmierung

Der teilweise gegensätzliche Zusammenhang zwischen Befehlsvorrat und Programmierung wurde in den vorhergehenden Ab-
schnitten (2.3.2, 3.7) bereits aufgezeigt. Auf die Aufgabenstellung zugeschnittene Befehle vereinfachen und
erleichtern die Programmierung, erhöhen die Transparenz und
Verständlichkeit der Programme und verkürzen die Programmlaufzeit im Vergleich zur Nachbildung derselben Befehle aus
einer Summe einfacher Elementaroperationen. Dieser Nachteil
der Nachbildung bleibt auch bestehen, wenn das Programmier-
system Makroanweisungen erlaubt oder die speicherprogrammierbare Steuerung die Verwendung von Bausteinen ermöglicht, die spätestens bei der Abarbeitung in die Grundopera-
tionen aufgeweitet werden.

Der entscheidende Vorteil anwendungsorientierter Befehle
kommt erst dann zum Tragen, wenn nachstehende Bedingungen
alternativ erfüllt sind:
  - die Befehle werden durch das Mikroprogramm einer
    schnellen Hardware realisiert;
  - die Befehle werden als vom Anwender nicht mehr auflös-
    bare Funktion mit dem zur Informationsverarbeitung
    besser geeigneten Befehlsvorrat eines leistungsfähigen
    Mikroprozessors nachgebildet.

Eine weitere Verbesserung der Programmierung speicherprogrammierbarer Steuerungen läßt sich erreichen, wenn Funktionsbausteine, welche in ihrem Aufgabenumfang definiert
sind, direkt mit den für ihre Funktion spezifischen Befehlen beauftragt und beeinflußt werden können. Als Beispiel
sei die Funktion Positionieren erwähnt, die bei den meisten

Steuerungen über umständliche programmtechnische Hilfs-
konstruktionen vom Standard-Befehlsvorrat bedient wird. Mit
folgenden, beispielhaft aufgeführten Befehlen, wird die
Aufgabenstellung der betreffenden Funktionen berücksichtigt:

- Bewegungsbefehle :
  - . Name der Positionierachse
  - . Zielposition oder Weg-
    strecke oder Bedingung
  - . Geschwindigkeit

Beispiel: FAHRE Achse X
         Position 5250 (mm)
         v = 0.8   (m/s)

- Schnittstellenbefehle:
  - . Name der Schnittstelle
  - . Datenrichtung
  - . Angaben zur Nachricht

Beispiel: SCHREIBE Bedienfeld
         Text Nr. 85

Aus den Beispielen wird ersichtlich, wie sich Effizienz und
Transparenz der Programmierung durch anwendungsorientierte
Befehle erhöhen lassen. Bei standardisierbaren Funktionen
bietet sich außerdem eine Vereinheitlichung hinsichtlich
Syntax und Semantik an.

Für den Anwender fehlen immer noch die Sprachelemente, mit
denen sich die Struktur einer Fertigungseinrichtung so
beschreiben läßt, daß sich ihr Aufbau und der Prozeßablauf
im Programm der speicherprogrammierbaren Steuerung wider-
spiegeln. Rückschlüsse auf Struktur und Prozeßzustand der
Fertigungseinrichtung bzw. auf den Fertigungsablauf sind
jedoch mit der funktionsorientierten Programmierung nur
teilweise gegeben (Beispiel FAHRE Achse X). Nach wie vor
müssen Prozeßvariable in der Steuerung zur Ermittlung des
Prozeßzustandes herangezogen werden.

5.2 Strukturierung von Programmen

Neben der Weiterentwicklung einer anwendungsbezogenen Programmiersprache, welche die aus den Analysen ermittelten
Forderungen abdeckt, aber auch zukünftige Beschreibungsformen, Inbetriebnahme- und Diagnosehilfen aufnehmen kann,
ist vor allem die Strukturierung der Programme mehr zu
beachten /38/. Die Optimierung erstellter Programme nach an
der Hardware orientierten Gesichtspunkten kann nicht länger
als wichtigstes Kriterium angesehen werden. Da die Aufgaben
der Programmerstellung und -pflege vornehmlich mit Perso-
nalkosten verbunden sind, ist es von großer Bedeutung, Programme derart aufzubauen, daß sie transparent hinsichtlich
ihrer Funktion, modular in ihrem Aufbau und weitgehend wie-
derverwendungsfähig sind.

Es ist nicht richtig, die Programme als reinen Ersatz der
Verdrahtung zu sehen, die bei verbindungsprogrammierten
Realisierungen nach der Inbetriebnahme unverändert blieb.
Erstens sind während der Inbetriebnahme immer Änderungen
in Funktion und Ablauf vorzunehmen, die wesentlich leichter
und schneller durchgeführt werden können, wenn die Programme
strukturiert und dadurch entkoppelt sind. Zweitens erleichtert ein übersichtlicher, nach Betriebsarten und Funktionen
gegliederter Programmaufbau im Störungsfall die Diagnose
und trägt dazu bei, die störungsbedingten Stillstandszeiten
zu verkürzen. Diese nicht quantifizierbaren, jedoch kosten-
mindernden Faktoren, kompensieren auf jeden Fall den höheren Aufwand beim Programmentwurf und beim Speicherbedarf.

Als Voraussetzung zur Strukturierung der Programme müssen
entsprechende Sprachelemente nach 3.7.4 vorhanden sein,
um sich von der stellgliedorientierten Programmierung,
wie sie von der verbindungsprogrammierten Realisierung
übernommen wurde und in Bild 5.1 dargestellt ist, lösen zu
können.

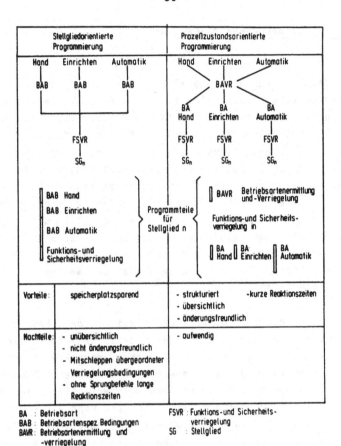

<u>Bild 5.1</u>:- Strukturen bei der Programmierung

Da bei der prozeßzustandsorientierten Programmierung nur
die aktuell benötigten Programme durchlaufen werden, läßt
sich eine beträchtliche Verkürzung der Reaktionszeit erzielen. Der hauptsächliche Vorteil liegt jedoch in der
Transparenz der Programme, da aller Ballast aus nicht
aktuellen Betriebsarten aus dem betreffenden Programmteil
entfernt ist und somit die Übersichtlichkeit erhöht und
zusätzliche Fehlerquellen ausgeschaltet sind. Eine weitere

Verbesserung der Lesbarkeit von Programmen ist für den Anwender zu erreichen, wenn die Programmiersprache ihm nicht
nur die erforderlichen Befehle für die Einzelsignal- und
Wortverarbeitung und zur Bausteintechnik zur Verfügung
stellt, sondern in ihrer Struktur eine Abbildung der Fertigungseinrichtung und des Ablaufs ermöglicht. Gleichzeitig
muß sie in ihrer Abarbeitung selbstoptimierend sein, d.h.
es werden automatisch nur die vom Prozeßzustand her aktuellen Programmteile bearbeitet.

5.3 Entwurf einer Programmiersprache für die Beschreibung von Steuerungsaufgaben mit Zustandsgraphen

Die in den vorausgegangenen, analysierenden Untersuchungen
geforderten Befehle bringen zwar eine wesentliche Verbesserung in der Programmierung mit sich, aber immer noch orien-
tieren sich wesentliche Teile des Befehlsvorrats an verbindungsprogrammierten, realisierungsabhängigen Beschreibungsformen. Das Erstellen von Programmen als stetig ansteigen-
der Kostenfaktor erfordert daher bei speicherprogrammierbaren Steuerungen ein Umdenken und die Zuwendung zu systematischen Entwurfs- und Beschreibungsverfahren, die auch die
Einbeziehung von Inbetriebnahme- und Diagnosefunktionen
ermöglichen. Diese Voraussetzungen sind bei dem Verfahren
der Steuerungsbeschreibung mit Zustandsgraphen gegeben
/2,6,32/.

Obwohl das Verfahren einer Steuerungsbeschreibung mit Zustandsgraphen mit den in Abschnitt 2.2 gezeigten Merkmalen
und Vorteilen seit längerem angewendet wird, sind doch einige Einschränkungen gegeben, die einen praktischen Einsatz
bei speicherprogrammierbaren Steuerungen verhindert haben:

- das Verfahren wird durch eine graphische Darstellung
  unterstützt, die nicht mit einer marktgängigen Symbol-
  tastatur nachvollzogen werden kann;

- für die graphische Eingabe, wie sie nach diesen Arbeiten ergänzend durchgeführt wurden, sind die gerätetechnischen Voraussetzungen erst in Entwicklung;
- die graphische Eingabe im maschinennahen Bereich als
Funktion einer speicherprogrammierbaren Steuerung ist
auch in naher Zukunft aufwandsmäßig noch nicht vertretbar;
- die Sprachelemente speicherprogrammierbarer Steuerungen
waren und sind bis jetzt nicht zur Umsetzung von Zustandsgraphen in ein Steuerungsprogramm konzipiert und
ergeben demzufolge eine sehr umständliche Umsetzung.

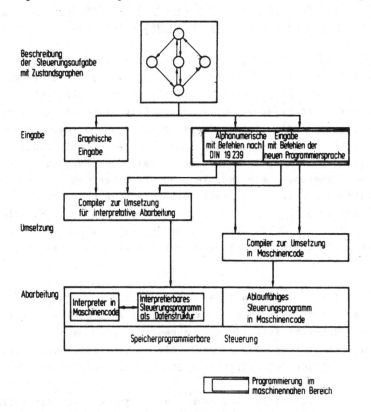

Bild 5.2: Programmierung mit Zustandsgraphen -
Möglichkeiten der Eingabe und Abarbeitung

Die in Abschnitt 5.3.2 entwickelte Programmiersprache für
die alphanumerische Eingabe von Zustandsgraphen weist zwei
wesentliche Eigenschaften auf, die den Einsatz des Verfahrens der Zustandsgraphenbeschreibung bei speicherprogrammierbaren Steuerungen ohne die zuvor genannten Nachteile
ermöglicht:
- die Sprache ist einheitlich in der Entwurfs- und Reali-
  sierungsphase;
- sie ist auch im maschinenenahen Bereich für Test- und
  Inbetriebnahmezwecke verfügbar und einsetzbar.

Die graphische und die alphanumerische Programmierung von
Zustandsgraphen unterscheiden sich nicht in den Grundlagen
des Verfahrens und der Umsetzung in das Steuerungsprogramm.
Der entscheidende Vorteil der alphanumerischen Programmierung ist die Implementierung im maschinennahen Bereich und
als Funktion der speicherprogrammierbaren Steuerung selbst,
wie es in Bild 5.2 aufgezeigt wird.

Da der Befehlsvorrat speicherprogrammierbarer Steuerungen
auf der Basis von DIN 19239 /10/ nur Befehle zur Signalver-
arbeitung und Programmorganisation aufweist, müssen zuerst
auf das Verfahren abgestimmte, strukturbeschreibende und
ablauforientierte Befehle definiert werden. Diese ermöglichen zusammen mit den bereits vorhandenen und zur Realisierung leistungsfähiger Funktionen geforderten Befehlen
die Anwendung des Verfahrens mit alphanumerischer Eingabe.

5.3.1 Programmstruktur

Durch die Anwendung der Steuerungsbeschreibung mit Zustands-
graphen erfolgt die Gliederung der zu steuernden Fertigungs-
einrichtungen in
- Funktionseinheiten FE,
- Funktionsgruppen FG, und
- Funktionsabläufe FA   /2/.

Die Funktionseinheiten sind anlagentechnisch vorgegeben
und bilden die kleinsten, ansteuerbaren Einheiten. Das
Zusammenfassen solcher Einheiten zu Funktionsgruppen und
deren Anordnung zu Funktionsabläufen werden von den Aufgaben und den Betriebsarten der Fertigungseinrichtungen bestimmt. Funktionsgruppen im Sinne der Programmierung können
sich demzufolge von dem in Kapitel 4 gleichlautenden, an
maschinenbaulichen Gegebenheiten orientierten Begriff unterscheiden. Diese Gliederung spiegelt sich im Steuerungsprogramm wider, dessen Struktur in <u>Bild 5.3</u> dargestellt ist.

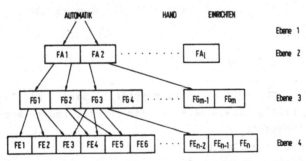

STEUERPROGRAMM

Initialisierung	Ebene 0 : einmalig beim Einschalten der Steuerung
· Allgemeine Überwachungs- und Sicherheitseinrichtungen · Betriebsdatenermittlung	Ebene 1 : dauernd aktiv
Funktionsabläufe $FA_1 \cdots FA_l$	Ebene 2 : Abläufe in Abhängigkeit von der Betriebsart
Funktionsgruppen $FG_1 \cdots FG_m$	Ebene 3 : Funktionsgruppen in Abhängigkeit vom Ablauf
Funktionseinheiten $FE_1 \cdots FE_n$	Ebene 4 : Funktionseinheiten in Abhängigkeit von den Funktionsgruppen
Hilfsfunktionen	Ebene 5 : Mehrfach verwendete Algorithmen und Dienstprogramme

PROGRAMMTEILE für Betriebsart AUTOMATIK

<u>Bild 5.3:</u> Gliederung eines Steuerungsprogramms bei
der Verwendung von Zustandsgraphen

Durch diese hierarchische Struktur wird erreicht, daß sich
die Programmierung der Übergangsbedingungen, welche neben
der Zahl der Graphen und deren Zuständen die eigentliche
steuerungstechnische Aufgabenstellung enthält, auf die Verknüpfung oder Abfrage von nur wenigen Variablen reduziert.
Sie vermeidet gegenüber den Ablaufketten das Problem der
Verzweigung und Zusammenführung paralleler Ketten und hat
den Vorteil, daß der Ablauf erkennbar und der maschinenbau-
liche Zusammenhang erhalten bleibt.

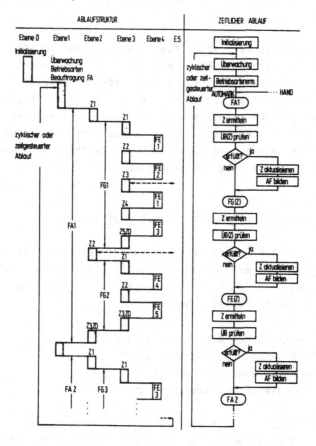

Bild 5.4: Ablaufstruktur und zeitlicher Ablauf eines
Steuerungsprogramms mit Zustandsgraphen

Ergänzt wird dieses Programm durch die Initialisierungsroutine, die beim Einschalten der Steuerung die Funktionsmodule (FE, FG, FA) in die betreffenden Ausgangszustände setzt, durch die unabhängig von Betriebsarten durchzuführenden Überwachungsaufgaben mit Betriebsartenermittlung und den Programmteil mit den Hilfsfunktionen, welche mehrfach verwendbare Algorithmen oder Dienstprogramme enthalten. Hierzu kann auch die bidirektionale Umsetzung des Prozeßabbildes (Lesen der Eingänge, Beeinflussung der Ausgänge) gezählt werden.

Bild 5.4 zeigt für ein Steuerungsprogramm in der linken Hälfte die Ablaufstruktur, welche die Reihenfolge der Bearbeitung der einzelnen Funktionsbausteine enthält. In der rechten Hälfte ist der zeitliche Ablauf der Programmbearbeitung in der speicherprogrammierbaren Steuerung dargestellt, wobei einerseits der wiederkehrende Formalismus, andererseits die geringe Anzahl von Bearbeitungsstufen innerhalb eines Zyklus kennzeichnend sind.

5.3.2 Strukturorientierter Befehlsvorrat

Die Abarbeitung eines mit Zustandsgraphen erstellten Steuerungsprogramms erfolgt in den jeweiligen Ebenen, d.h. bei Funktionsabläufen, Funktionsgruppen und Funktionseinheiten nach folgendem festen Schema:

- Ermitteln des aktuellen Zustandes;
- Prüfen der Übergangsbedingungen;
- Aktualisieren des Zustandes;
- Realisieren der Ausgabefunktionen.

Werden diese Schritte mit dem in /10/ enthaltenen Befehlsvorrat durchgeführt, so entsteht dabei ein erheblicher Programmieraufwand für immer wiederkehrende gleiche Befehlsfolgen, die von der Systematik des Entwurfsverfahrens

herrühren. Am Beispiel einer einfachen Funktionseinheit
nach <u>Bild 5.5</u> soll dies verdeutlicht werden.

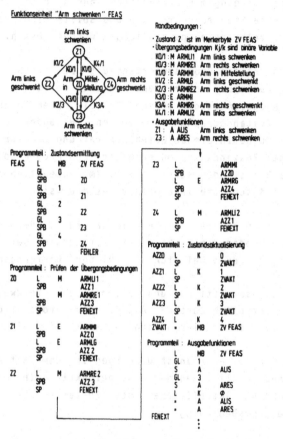

<u>Bild 5.5:</u> Programm der Funktionseinheit "Arm schwenken"
mit Befehlen nach DIN 19239

Da die meisten der in diesem Beispiel enthaltenen Befehle
nur den Formalismus des Verfahrens nachbilden, die wenigsten
jedoch die eigentliche steuerungstechnische Aufgabe beschreiben, müssen Befehle geschaffen werden, die einerseits
die Struktur und die Abarbeitungsfolge der Zustandsgraphen
beschreiben, andererseits die Übergangsbedingungen und

Ausgabefunktionen in geeigneter Weise programmieren lassen.
Die Zustandsermittlung und -aktualisierung nach erfüllter
Übergangsbedingung muß automatisch durch die speicherprogrammierbare Steuerung erfolgen und sollte nicht vom Anwender in Einzelbefehlen nachvollzogen werden müssen.

Weiterhin ist die Programmfortsetzung bei nicht erfüllter
Übergangsbedingung immer identisch und sollte deshalb nur
einmal angegeben werden müssen. Da die Steuerungsbeschreibung mit Zustandsgraphen sich an den Zuständen orientiert,
wird der zu definierende Befehlsvorrat und der zur Abarbeitung eines Zustandsgraphen erforderliche Programmodul ebenfalls nach Zuständen strukturiert. Im wesentlichen ergeben
sich drei Abschnitte innerhalb eines Moduls:

- Beginn und Name des Funktionsablaufs, der Funktionsgruppe oder der Funktionseinheit, sowie der Name des
  Programmoduls bei nicht erfüllter Übergangsbedingung;

- Zustandsermittlung und automatische Verzweigung in
  den aktuellen Zustand. Angabe der Programmfortsetzung
  falls ein Fehlerzustand erkannt wird (Fehlerfall);

- Prüfen der Übergangsbedingungen in dem aktuellen Zustand. Realisieren der Ausgabefunktion in diesem Zustand und Aktualisieren des Zustandes bei erfüllter
  Übergangsbedingung.

In Bild 5.6 ist dies für den Zustandsgraphen aus Bild 5.5
dargestellt. Es zeigt sich, daß die Zahl der erforderlichen
Anweisungen für dieses Steuerungsprogramm mit Hilfe einer
die Zustandsgraphenbeschreibung integrierenden Sprache um
mehr als die Hälfte reduziert wird, und daß die Transparenz
des Programmes und die Verständlichkeit erheblich verbes-
sert sind.

FUNKTIONSEINHEIT "Arm schwenken" FEAS

Programm					Erläuterungen	
FEAS	BB				BB	Kennzeichnung Bausteinbeginn
	FB	FE AD			FB	Folgebaustein bei nicht erfüllten
	ERMZ	M ZV FEAS				Übergangsbedingungen
	FF	FE ASDIA			FF	Folgebaustein im Fehlerfall
Z0	ÜB				ERMZ	Zustandsermittlung
		M ARMLI = 1 :	Z1		ÜB	Übergangsbedingungen im
		M ARMRE = 1 :	Z3			jeweiligen Zustand
	AF				AF	Ausgabefunktionen im
		A ALIS = 0				jeweiligen Zustand
		A ARES = 0			BE	Kennzeichnung Bausteinende
Z1	ÜB					
		E ARMMI = 0 :	Z0			
		E ARMLG = 0 :	Z2			
	AF					
		A ALIS = 1				
Z2	ÜB					
		M ARMRE2= 1 :	Z3			
	AF					
		A ALIS = 0				
Z3	ÜB					
		E ARMMI = 0 :	Z0			
		E ARMRG = 0 :	Z4			
	AF					
		A ARES = 1				
Z4	ÜB					
		M ARMLI2 1	Z1			
	AF					
		A ARES = 0				
	BE				FE ASDIA	Diagnosebaustein für Funktions-
FE AD						einheit "Arm schwenken"
	⋮				FE AD	Funktionseinheit "Arm drehen"

Vergleich 51 Anweisungen nach DIN 19239
29 Anweisungen mit GRIPS
davon 17 inhaltliche
und 12 formale Anweisungen

Graphen Integrierende Programmier Sprache

Bild 5.6: Programm der Funktionseinheit "Arm schwenken"
mit graphenintegrierender Programmiersprache

Die Formulierung der Übergangsbedingungen und Ausgabefunktionen weicht ebenfalls von der üblichen Form ab, sie bietet aber in dieser Form weit mehr Möglichkeiten, zustandsabhängige Bedingungen und Ausgabefunktionen zu realisieren, da die erforderlichen Terme genau dem Sprachgebrauch entsprechend aufgeführt werden können. Dies wird noch deutlicher, wenn man nicht nur binäre Variable als Übergangsbedingungen und Ausgabefunktionen, sondern digitale Operanden und komplexe mathematische Beziehungen und Funktionen mit einbezieht. Durch die Abgrenzung der Programmodule für die

Beschreibung von Funktionseinheiten, -gruppen oder -abläufen mittels Beginn- und Endeanweisungen, besteht auch nach wie vor die Möglichkeit, mit der Beschreibung nach DIN 19239 /10/ erstellte Programmteile in das Gesamtprogramm einzufügen. Trotz der alphanumerischen Programmdarstellung ist es jederzeit möglich, mit den Informationen über die Zustände in Spalte 1 und 4 (<u>Bild 5</u>.6) die Struktur des programmierten Zustandsgraphen direkt abzuleiten.

5.3.3 Programmübersetzung und -abarbeitung

Die Abarbeitung von Zustandsgraphen mit Hilfe universeller Grapheninterpreter für Mikrorechner wurde bereits untersucht und realisiert /39/. Ausgangspunkt für den Grapheninterpreter sind dabei Listen oder Tabellen, die zeitoptimal abgearbeitet werden können. Bei diesem ersten Entwicklungsschritt stand jedoch nicht die anwendungsorientierte Programmeingabe, sondern die nachfolgende, rechnerinterne Bearbeitung im Vordergrund.

Es ist eine unabdingbare Forderung für die Anwendung des Verfahrens, daß die sowohl bei der graphischen als auch bei der alphanumerischen Eingabe vorgegebene Struktur der Fertigungseinrichtung und der programmierte Ablauf bei der Umsetzung in ein abarbeitungsfähiges Steuerungsprogramm für den Anwender jederzeit klar erkennbar bleiben.

Zur Erfüllung der zeitlichen Anforderungen bei der Programmabarbeitung ist eine Übersetzung des Quellprogramms in ein ablauffähiges Programm in Maschinencode oder in interpretierbaren Code unumgänglich. Dies resultiert bereits aus der Verwendung beliebiger symbolischer Bezeichnungen für die Variablen und Adressen. Zur Kontrolle des Programms bei der Abarbeitung besteht jedoch die Notwendigkeit, die Anweisung in der Quellsprache anzuzeigen, was bei speicherprogrammierbaren in der Regel mit Hilfe eines Rücküber-

setzers gelöst wird. Bei der Übersetzung des Quellprogramms sind zwei Methoden üblich:
- Umsetzung in Maschinencode;
- Umsetzung in Interpretercode.

Die erste Methode bietet Vorteile hinsichtlich der schnellen Abarbeitung, die Rückübersetzung ist jedoch nur bei Assemblersprachen mit vertretbarem Aufwand und unter Wegfall der symbolischen Bezeichnungen möglich. Die Umsetzung in eine interpretierbare Form bedingt zwar eine geringere Abarbeitungsgeschwindigkeit gegenüber der ersten Methode, durch die Einbindung von Hinweisen auf die Quelle in den interpretierbaren Code ist der Zugriff auf die Quelle aber uneingeschränkt gewährleistet.

Beide Möglichkeiten werden im folgenden Abschnitt bei der beispielhaften Realisierung der in Abschnitt 5.3.2 vorgestellten Programmiersprache verwendet, um deren Eignung nachzuweisen.

5.3.4 Realisierung

Um die Erfüllung der strukturellen Beschreibungsmöglichkeiten der entwickelten Sprache nachzuprüfen, wurden beispielhaft zwei allgemein gültige Methoden angewendet, wie sie zuvor erwähnt wurden. Im ersten Fall wurde mit Hilfe eines Compilers aus dem in Bild 5.6 angegebenen Quellprogramm ein Code erzeugt, der mit Hilfe eines auf der speicherprogrammierbaren Steuerung implementierten Interpreters abgearbeitet wird.

Im zweiten Fall handelt es sich um die Erweiterung des bestehenden Befehlsvorrats einer speicherprogrammierbaren Steuerung mit Bit- und Wortprozessor um die strukturbeschreibenden Sprachelemente.

5.3.4.1 Verwendung einer interpretierbaren Datenstruktur

Die Umsetzung von Programmen und deren Abarbeitung unter
Verwendung einer interpretierbaren Datenstruktur erfolgt
in zwei Schritten:
- Umsetzung des Programmes in eine semantisch äquivalente
  Datenstruktur;
- Interpretation der erzeugten Datenstruktur mit Hilfe
  eines auf dem Mikrorechner der Steuerung implementier-
  ten Interpreters.

Als Beispiel für die Datenstruktur wird ein Datenelement
für die in Abschnitt 5.3.2 definierte Funktionseinheit verwendet. Dieses Datenelement ist in seiner Struktur gleich-
bleibend für alle Funktionseinheiten, -gruppen und -abläufe.
Die erzeugte Datenstruktur wird in Bild 5.7 näher erläutert.

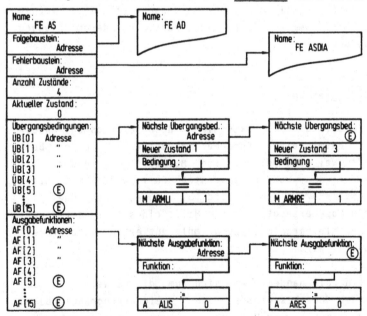

Ⓔ = Endekennung

Bild 5.7: Umsetzung der Programmiersprache in eine
          interpretierbare Datenstruktur

Der Vorteil dieser Realisierung liegt im nahezu deckungs-
gleichen Aufbau der Datenstruktur mit der Programmstruktur
der Quellsprache. Die Trennung von strukturbeschreibenden
und ablauf- bzw. prozeßbestimmenden Daten erhöht die Übersichtlichkeit und erleichtert die Abarbeitung mit Hilfe
des Interpreters. Die gewählte Form ist besonders dafür
geeignet, auch beliebige mathematische Übergangsbedingungen
und Ausgabefunktionen zu formulieren, sofern der interpre-
tierende Rechner die entsprechenden funktionsorientierten
Befehle (vgl. 5.1) direkt oder als Systemsoftware aufweist.

Der Speicherbedarf für die Datenstruktur des gewählten
Beispiels beträgt 124 byte für eine Abarbeitung mit dem
Wortprozessor der Steuerung. Da für die Übergangsbedingungen
und Ausgabefunktionen, welche den Bezug zu den Prozeßsigna-
len herstellen, etwa der gleiche Speicherbedarf wie für die
Realisierung nach DIN 19239 erforderlich ist, ist die Ein-
sparung auf die strukturorientierte Programmiersprache zu-
rückzuführen.

5.3.4.2 Umsetzung in Maschinencode

Nach dem Prinzip der in /14/ beschriebenen Abarbeitung
von Steuerungsprogrammen wurden die Wortbefehle um die
Strukturelemente
- BB   Bausteinbeginn
- BE   Bausteinende
- FB   Folgebaustein
- FF   Folgebaustein im Fehlerfall
- ERMZ   Zustandsermittlung
- ÜB   Übergangsbedingungen
- AF   Ausgabefunktionen

erweitert. Diese Befehle stellen in ihrer Codierung Adressen für Unterprogramme dar, die automatisch bei Erscheinen
des Codes auf dem Datenbus ausgeführt werden. Der von einem

Übersetzer erzeugte Code aus der neuen Programmiersprache ist für das Beispiel der Funktionseinheit aus <u>Bild 5.6</u> in <u>Bild 5.8</u> wiedergegeben.

QUELLSPRACHE			Bedeutung der Bytes im Maschinencode		
FEAS	BB		Operationscode	Anzahl Zustände	
	ERMZ		Operationscode	Adresse Zustandsvariable	
			Adresse Zustand	Z0	
			Displacement Z1	Displacement Z 2	
			Displacement Z 3	Displacement Z 4	
	FF	F	Operationscode	Adresse Fehlerbaustein FE	ASDIA
Z0	ÜB	M ARMLI	Operationscode	Adresse M ARMLI	
		= 1	Bedingung		
			Adresse Zustandsvariable	Wert	
		Z 1	Adresse neuer Zustand	Z 1	
	ÜB	M ARMRE	Operationscode	Adresse M ARMRE	
		= 1	Bedingung		
			Adresse Zustandsvariable	Wert	
		Z 3	Adresse neuer Zustand	Z 3	
	AF	A ALIS	Operationscode	Adresse ALIS	
		= 0	Wert		
	AF	A ARES	Operationscode	Adresse ARES	
		= 0	Wert		
	FB		Operationscode	Adresse Folgebaustein FE	AD
Z 1	ÜB	E ARMMI	Operationscode	Adresse ARMMI	
	⋮	⋮	⋮	⋮	
	BE		Operationscode		
FEAD	BB		Operationscode	Anzahl Zustände	

<u>Bild 5.8:</u> Umsetzung der Sprache in Maschinencode (Beispiel)

Ein Vergleich der beiden Programme für das Beispiel der Funktionseinheit, einmal realisiert in der Programmiersprache STEP 5 (Sprache der Fa. Siemens, vergleichbar mit DIN 19239) und mit der zugeschnittenen Sprache für Zustandsgraphen, bestätigt die in der Quellsprache vorhandenen Relationen:

- Beispiel in STEP 5:   Quellsprache   51 Befehle
                                Maschinencode 224 byte
- Beispiel mit neuer Sprache: Quellsprache   29 Befehle
                                Maschinencode 117 byte

Der Speicherbedarf liegt in derselben Größenordnung wie für die Lösung mit einer interpretierbaren Datenstruktur. Auch hier bestätigen sich die Aussagen hinsichtlich der Übergangsbedingungen und der Ausgabefunktionen, so daß der Grund für den erheblich geringeren Aufwand eindeutig in den strukturbeschreibenden Befehlen der neuen Programmiersprache liegt.

Da die Anzahl der Befehle in Maschinencode meist dem erzeugten Code proportional ist, liegt auch in der Abarbeitungsgeschwindigkeit ein Vorteil bei der neuen Programmiersprache. Nachteilig bei der Umsetzung in Maschinencode ist die noch enthaltene Redundanz hinsichtlich Zustandsaktualisierung und Programmfortsetzung bei nicht erfüllter Übergangsbedingung. Hier müssen bei jeder Übergangsbedingung die Adressen der Zustandsvariable und des Folgebausteins mit angegeben werden, weil dies die sequentielle Abarbeitung erfordert. Die Lösung mit der interpretierbaren Datenstruktur vermeidet diesen Nachteil, da sie in einer festgelegten Form fixe und variable Daten enthält.

Das Ergebnis der beispielhaften Umsetzung der neuen, grapheninterierenden Programmiersprache in ein abarbeitungsfähiges Steuerungsprogramm bestätigt, daß die Vorteile, die bereits bei der Programmierung vorhanden sind, sich auch bei der Realisierung in der angegebenen Weise ausschöpfen lassen. Dabei ist der interpretativen Datenstruktur aus Gründen der übersichtlichen Gliederung, der einfachen Erweiterbarkeit (in Bild 5.7 angedeutet) und der Einbindung von Querverweisen auf die Quellsprache der Vorzug zu geben.

Die durch die interpretative Abarbeitung bedingte längere

Ausführungszeit gegenüber der Realisierung mit Maschinencode
wird sich auf die Erfüllung der prozeßbedingten Anforderungen nicht negativ auswirken, da einerseits nur die vom
aktuellen Prozeßzustand erforderlichen Programmteile bearbeitet werden, andererseits die Entwicklung der Prozessoren
zu höheren Taktfrequenzen weiter fortschreitet.

Ergänzend zur Entwicklung einer Programmiersprache soll ab-
schließend auf die Schnittstellenstruktur speicherprogrammierbarer Steuerungen eingegangen werden, die infolge der
Einbindung der Geräte in unterschiedliche Steuerungsebenen
zunehmend an Bedeutung gewinnt.

6 Schnittstellen und Einordnung in der Steuerungshierarchie

Da speicherprogrammierbare Steuerungen überwiegend als Funktionssteuerungen eingesetzt wurden, ist ihre Einbindung in den Informationsfluß von Fertigungssystemen bisher nicht in dem Maße berücksichtigt worden, wie es die Leistungsfähigkeit heutiger Steuerungsgenerationen bereits ermöglichen könnte. Dies beruht vor allem auf dem Mangel an geeigneten Schnittstellen, die zur Integration der Steuerungen in unterschiedlichen Ebenen der Steuerungshierarchie erforderlich sind. Durch die anwendungsorientierte Ausrichtung der Sprache eröffnen sich mit der Verfügbarkeit anwenderprogrammierbarer Schnittstellen jedoch Möglichkeiten, diese Geräte auch in den Funktionen eines Leitrechners einzusetzen.

6.1 Schnittstellen der speicherprogrammierbaren Steuerung

Nach der Definition in 2.1 ist die Stellung der Funktionssteuerung innerhalb der Steuerungsstruktur eindeutig vorgegeben und abgegrenzt. Aufgrund der Einordnung in diese Struktur können die Schnittstellen zum Prozeß und zu übergeordneten Steuerungen (Programmsteuerung, Leitebene) direkt abgeleitet werden. Die Schnittstellenbetrachtung kann jedoch nicht ausschließlich funktional und losgelöst von der gerätemäßigen Realisierung durchgeführt werden, da gerade die Aufteilung von Funktionen auf Geräte das Entstehen von Schnittstellen bewirkt.

Erfordert z. B. die Funktionssteuerung eines Bearbeitungszentrums eine größere Anzahl von Prozeßein- und -ausgängen oder mehr Speicherkapazität als bei der für diese Aufgabe vorgesehenen speicherprogrammierbaren Steuerung verfügbar sind, so ist eine gerätemäßige Aufteilung unumgänglich und das Auftreten einer zusätzlichen Schnittstelle zwischen den

Steuerungen die Konsequenz. Diese Schnittstelle wird auch
erforderlich, wenn mehrere Funktionssteuerungen miteinander
gekoppelt werden müssen.

Die Implementierung sowohl paralleler als auch serieller
Schnittstellen erfordert die Bereitstellung von Prozessoren
zur Wortverarbeitung. Damit sind die Voraussetzungen zur
Verwirklichung spezifischer, leistungsfähiger Korrespondenzfunktionen entsprechend den Anforderungen der Teilnehmer gegeben. Eine Übersicht wichtiger Schnittstellen für
speicherprogrammierbare Steuerungen in Abhängigkeit von der
Steuerungsstruktur enthält Bild 6.1.

SPEICHERPROGRAMMIERBARE STEUERUNG als		Funktionssteuerung		Programm- und Funktionssteuerung			
Anwendung		Werkzeugmaschine mit NC		Einzelmaschine ohne NC		verkettete Fertigungseinrichtungen	
Konfiguration		minimal	optional	minimal	optional	minimal	optional
Schnittstelle	**Ausführung**						
Eingänge / Ausgänge							
- zentral	Punkt zu Punkt bp	x		x		x	
- dezentral	Bus (p),s		x		x		x
Funktionsmodule	Speicher- kopplung p		x	x 2)	x	x 2)	x
	Bus p,s						
Programmiergerät	Punkt zu Punkt p,s	x		x		x	
Bedienfeld	Punkt zu Punkt (p),s		x		x	x	
Drucker	Punkt zu Punkt p,s		x		x	x	
übergeordnete Steuerung	Speicherkopplung p	x 1)	x			x	
	Bus p,s						
gleichgeordnete Steuerung	Punkt zu Punkt (p),s		x		x		
	Bus s						x

bp	bitparallel	( ) von untergeordneter Bedeutung	NC numerische Steuerung
p	parallel	1) nur bei Systemlösungen (gleicher Hersteller)	
s	seriell	2) bei numerisch gesteuerten Achsen	

Bild 6.1: Ausführung von Schnittstellen in Abhängigkeit von der Steuerungsstruktur

Das Bild zeigt in allen Bereichen die Notwendigkeit der
bereits existierenden Schnittstelle zum Prozeß über die
Ein- und Ausgänge und die Schnittstelle zum Programmiergerät. Weitere Ausbaustufen sind die Schnittstellen zum Bedienfeld, zum Drucker als Ausgabe- oder Protokolliergerät,
zur gleich- oder übergeordneten Steuerung sowie Schnittstellen zu dezentralen Ein-/Ausgängen und Funktionsmodulen. Die
beiden letztgenannten sind dabei wie die Schnittstelle zum
Programmiergerät als SPS-spezifisch anzusehen und werden in
der weiteren Betrachtung ausgeklammert, obwohl aus Anwendersicht eine Standardisierung wünschenswert ist.

Im folgenden werden Schnittstellenstrukturen nach Bild 6.2
untersucht, wobei die Ermittlung der Art der Datenübertragung und die Auflistung erforderlicher Korrespondenzfunktionen im Vordergrund stehen.

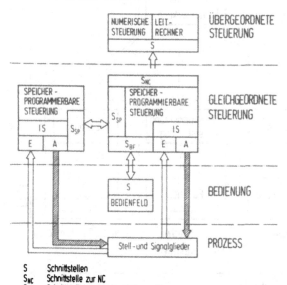

S	Schnittstellen	
S_{NC}	Schnittstelle zur NC	
S_{SP}	Schnittstelle zur programmierbaren Steuerung	
S_{BF}	Schnittstelle zum Bedienfeld	
IS	Interne Schnittstelle zur E/A-Ankopplung	

Bild 6.2: Schnittstellenstruktur zukünftiger speicherpro--
          grammierbarer Steuerungen

6.1.1 Schnittstelle zur übergeordneten Steuerung

In der konventionellen Steuerungsstruktur (vgl. 2.1) ist bei automatisierten Fertigungseinrichtungen der Funktionssteuerung die Programmsteuerung übergeordnet. Dies bedeutet bei gerätemäßiger Betrachtung eine Schnittstelle zwischen speicherprogrammierbarer Steuerung und der numerischen Steuerung als wichtigstem Repräsentanten der Programmsteuerung im Bereich der Fertigungstechnik.

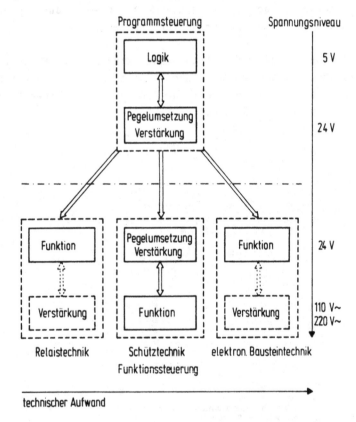

Bild 6.3: Signalpegel zwischen Programmsteuerung und verbindungsprogrammierten Funktionssteuerungen

Mit der VDI-Richtlinie 3422 /40/ wurde frühzeitig eine
Schnittstelle definiert und es wurden die Signale von und
zur Funktionssteuerung hinsichtlich Bedeutung, Codierung
und Pegel festgelegt. Die parallele Schnittstelle ist in
ihrem Aufbau auf die zum damaligen Zeitpunkt vorherrschenden
verbindungsprogrammierten Realisierungen in Schütz- oder
Relaistechnik oder in kontaktloser elektronischer Bausteintechnik abgestimmt. Bild 6.3 verdeutlicht, daß auch die
Festsetzung des Pegel auf 24 V eine sinnvolle Einordnung in
das steigende Spannungsniveau bis zur Stellebene ergibt.

Bereits bei der Verwendung verbindungsprogrammierter elektronischer Steuerungen in TTL- oder CMOS-Technik und ganz
besonders seit der beinahe ausschließlichen Verwendung von
speicherprogrammierbaren Steuerungen als Funktionssteuerung
bei numerisch gesteuerten Arbeitsmaschinen, zeigt sich der
Nachteil der VDI-Schnittstelle (Bild 6.4). Die zweimalige
Anpassung der Signalpegel stellt gerade bei parallelen
Schnittstellen einen durch die heutige Kostensituation
- preiswerte integrierte Logik, aufwendige diskret realisierte Signalanpassung - nicht mehr vertretbaren Aufwand
dar.

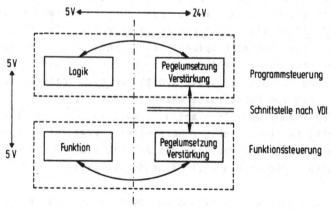

Bild 6.4: Signalpegel zwischen Programmsteuerung und
speicherprogrammierter Funktionssteuerung

Berücksichtigt man weiterhin, daß die Wünsche nach einfacher
Bedienbarkeit, übersichtlicher Prozeßführung und umfang-
reicher Prozeßüberwachung zunehmen, welche die Einführung
und Durchführung neuer Funktionen zwischen Programmsteuerung
und Funktionssteuerung (Fensterfunktionen) erfordern, so
erscheint die Festlegung einer neuen Schnittstelle an dieser Stelle sinnvoll und gerechtfertigt /41/.

Die herstellerspezifische Auslegung der Schnittstelle und
die Integration der speicherprogrammierbaren Steuerung in
die numerische Steuerung ist zwar bei NC-Werkzeugmaschinen
berechtigt und sinnvoll, sie bedeutet jedoch bei Sondermaschinen und verteilten Fertigungseinrichtungen für den
Anwender eine Einschränkung, da sie nur mit Steuerungen
eines Herstellers funktionsfähig ist. Eine Lösung bildet
die Festlegung eines gemeinsamen Busses, wie sie beispielsweise im Mehrprozessorsteuerungskonzept MPST /42/
vorgenommen wurde. Allerdings lassen sich nur mit einem
seriellen Bus alle Anforderungen eines Einsatzes mit vertretbarem Aufwand erfüllen.

Beim Einsatz speicherprogrammierbarer Steuerungen in der
Programmsteuerebene kommt als übergeordnetes Gerät nach
Bild 2.2 auch ein Leitrechner in Betracht. In diesem Fall
ist eine Rechnerkopplung mit standardisierter serieller
Schnittstelle zweckmäßig, die den Anforderungen der Entfernung und der Datenrate genügt, da das zeitkritische Generieren von Funktionsbefehlen in der speicherprogrammierbaren Steuerung selbst abläuft. Weil in der Leitebene außerdem Geräte beliebiger Hersteller verwendet werden, ist
eine standardisierte Form des Anschlusses und des Übertra-
gungsprotokolls ein entscheidender Vorteil.

Die zunehmende Tendenz, Steuerungen untereinander beliebig
verbinden zu können, erfordert jedoch zukünftig die Bus-
fähigkeit dieser Schnittstelle.

6.1.2 Schnittstelle zur gleichgeordneten Steuerung

Die Übersicht nach Bild 6.1 verdeutlicht, daß diese Schnittstelle nur für den Einsatz speicherprogrammierbarer Steuerungen bei Einzelmaschinen relevant ist. Sie wird erforderlich, wenn die Zahl der notwendigen Ein- und Ausgänge zum
Prozeß nicht mit einem Gerät abgedeckt werden kann oder
wenn zeitliche Anforderungen eine Verteilung der Aufgaben
auf zwei Geräte verlangen. Da es immer möglich ist, einen
Teil der Funktionsgruppen so zusammenzufassen, daß nur eine
geringe Abhängigkeit vom verbleibenden Rest besteht, ist von
den zeitlichen Anforderungen und unter Berücksichtigung des
Ausnahmecharakters eine serielle Standard-Schnittstelle
(z.B. V.24) zur Synchronisation ausreichend.

Allerdings muß diese Schnittstelle auch den Durchgriff
ermöglichen, um für Aufgaben der Bedienung, Inbetriebnahme
und Programmierung das sonst zweckmäßige Master-Slave-Prin-
zip durchbrechen zu können. Nach der Umschaltung sind für
die zweite Steuerung dieselben Verhältnisse gegeben wie im
Normalbetrieb für die Master-SPS. Eine Auflistung dieser
Korrespondenzfunktionen ist in Abschnitt 6.1.3 enthalten.
Zur Kopplung zweier speicherprogrammierbarer Steuerungen
nach dem genannten Prinzip genügt die Übergabe der Zustände
von Variablen oder in der Bedeutung festgelegte Kennungen,
aus denen sich der jeweilige Auftrag ableiten läßt.

6.1.3 Schnittstelle zum Bedienfeld und Bedienfunktionen

Die Kommunikation zwischen Fertigungseinrichtung und Mensch
wird gerätemäßig über das Bedienfeld sichergestellt. Die
Einleitung der Ausführung von Funktionen, die Quittierung
der Ausführung, die Anzeige des Zustandes von Prozeß und
Steuerung sind wesentliche Aufgaben, welche von einem Bedienfeld wahrgenommen werden. Weitergehende Aufgaben stellen
die Dateneingabe zur Initialisierung und Parametrierung,

die Ausgabe von Prozeßdaten sowie die werkstück- und funktionsbezogene Programmierung dar.

Während sich bei Fertigungseinrichtungen ohne numerische
Steuerung die Bedienung auf das Maschinenbedienfeld beschränkt, ist bei numerisch gesteuerten Fertigungseinrichtungen eine Aufspaltung und Zuordnung dieser Aufgaben auf
Fertigungseinrichtung und numerische Steuerung vorhanden.
Dies spiegelt sich in der Existenz eines "maschinenbezoge-
nen" und eines "steuerungsbezogenen" Bedienfeldes wieder
(<u>Bild 6.5</u>).

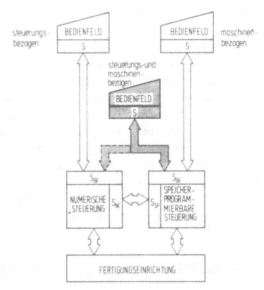

S   Schnittstellen
S_{NC} Schnittstelle zur NC
S_{SP} Schnittstelle zur SPS
S_{BF} Schnittstelle zum Bedienfeld

<u>Bild 6.5:</u> Konzeption von steuerungs- und maschinenbezogenen
Bedienfeldern

Während das maschinenbezogene Bedienfeld überwiegend die am Prozeßablauf orientierten Funktionen beinhaltet, liegt beim steuerungsbezogenen Bedienfeld der Schwerpunkt auf der Dateneingabe zur Herstellung eines Grundzustandes, zur Bereitstellung oder Ausführung eines Programms, zur Anzeige technologischer oder geometrischer Information oder zur Erstellung oder Korrektur von Programmen.

Für den Bedienenden ist diese, durch die Lieferung von Fertigungseinrichtung und Steuerung aus getrennten Händen entstandene Aufteilung, nicht zweckmäßig, da sich sein Interesse auf die Prozeßführung und -überwachung unter den für ihn optimalen Möglichkeiten konzentrieren soll. Es ist deshalb anzustreben, das steuerungsbezogene Bedienfeld in das maschinenbezogene zu integrieren und dieses umfassende Bedienfeld in geeigneter Weise in die Steuerungsstruktur einzuordnen.

Der in Bild 6.5 angegebene Lösungsvorschlag weist der speicherprogrammierbaren Steuerung infolge der zentralen, prozeßbezogenen Bedienung in dieser Hinsicht eine Vorrangstellung gegenüber der numerischen Steuerung zu. Begründet wird diese Stellung durch die Tatsache, daß mit Ausnahme der Parameterübergabe bei der Initialisierung, bei der Programmierung, bei der Diagnose und unter Umständen bei der Anzeige keine Daten ohne Verarbeitung durch die Funktionssteuerung zwischen numerischer Steuerung und dem Bedienfeld ausgetauscht werden.

Die Initialisierung und Programmierung werden jedoch im Einrichtebetrieb vorgenommen und die Diagnose im Störfall, so daß lediglich die Ausgabe von Daten aus der numerischen Steuerung wie z. B. Positionswerte einen Anwendungsfall der direkten Datendurchschaltung im Fertigungsbetrieb darstellt (Bild 6.6). Beim Einsatz speicherprogrammierbarer Steuerungen in der Programmsteuerebene ist das Bedienfeld von vornherein diesen Geräten zugeordnet.

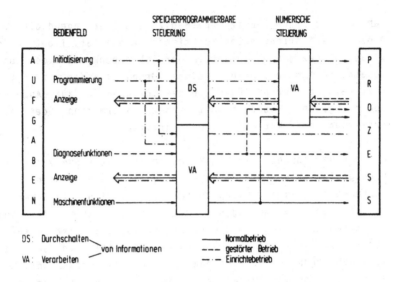

Bild 6.6: Speicherprogrammierbare Steuerung als Master:
Datenwege und Funktionen

Die Realisierung eines prozeßorientierten, durchgängigen
Bedienkonzeptes, welches vor allem bei dezentralen Fertigungseinrichtungen von Bedeutung ist, setzt die Implementierung von Korrespondenzfunktionen zwischen Bedienfeld und
speicherprogrammierbarer Steuerung voraus. Bezüglich der
Bedienung erstrecken sie sich auf die Phasen der Prozeßvorbereitung, Prozeßinbetriebnahme und Prozeßdiagnose mit
stark unterschiedlichen Aufgabenstellungen und Anforderungen an die speicherprogrammierbare Steuerung. Sie verteilen
sich auf die einzelnen Phasen folgendermaßen:

Prozeßvorbereitung: - Laden von Programmen;
   - Laden/Eingabe von Prozeßparametern.

Prozeßinbetriebnahme - Starten/Stillsetzen von Programmen
und -diagnose: und Programmteilen;
   - Programmhalt bei Erreichen eines
   vorgegebenen Kriteriums;

- Programmausführung im Einzel-
  schrittbetrieb mit Ergebnisanzeige;
- Dynamische Zustandsanzeige von
  Prozeßvariablen;
- Zustandsvorgabe für Prozeßvariable;
- Aufhebung der Zustandsvorgabe;
- Anzeige aller vorbesetzten Signale;
- Anzeige der Anweisung mit aktuel-
  lem Operandenstatus;
- Aufsuchen von Operanden im Pro-
  gramm (Querverweisliste).

Mit der Festlegung und Vereinheitlichung dieser Bedienfunktionen kann in Verbindung mit einer busfähigen Schnittstelle an der speicherprogrammierbaren Steuerung der beliebige
Anschluß des Bedienfeldes, aber auch die Auslösung dieser
Bedienfunktionen über Geräte der übergeordneten Steuerungs-
ebene erfolgen.

6.1.4 Schnittstelle zum Prozeß

Die Schnittstelle zwischen der Zentraleinheit der speicherprogrammierbaren Steuerung und dem zu steuernden Prozeß
bilden die Ein- und Ausgabebaugruppen. Ihre Aufgabe, die
beidseitige Anpassung des Spannungs- und Leistungsniveaus
an die jeweiligen Erfordernisse von Prozessor und Prozeß,
die Unterdrückung von Störsignalen und der Ausschluß von
Rückwirkungen, erfordert einen zweistufigen Aufbau. Die
erste Stufe realisiert die Ankopplung an den Prozessor über
dessen Daten-, Adreß- und Steuerleitungen, die zweite Stufe
berücksichtigt in ihrem Aufbau die charakteristischen Eigenschaften der verwendeten Funktionselemente sowie die
Anschlußtechnik der Signalleitungen.

Wie aus Bild 6.7 ersichtlich, bildet die Trennlinie S1
die Schnittstelle im oben erwähnten Sinn zwischen Prozeß

und speicherprogrammierbarer Steuerung. Die weitgehende Standardisierung der Funktionselemente hinsichtlich der verwendeten Spannungspegel ermöglicht eine nahezu problemlose Verbindung mit den Ein- und Ausgabebaugruppen der Steuerungshersteller. Da die Ein- und Ausgabebaugruppen einen sehr hohen Kostenfaktor der Hardware einer Steuerung darstellen, und eine Beschränkung auf ein Gerät oder eine Gerätefamilie beim Einsatz unterschiedlicher Fertigungseinrichtungen praktisch nicht einzuhalten ist, kann durch ihre Vereinheitlichung und Standardisierung analog zu den Funktionselementen eine Kostenreduzierung erreicht werden.

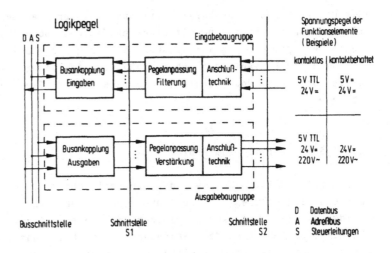

Bild 6.7: Konventionelle Schnittstellenstruktur an
Ein- und Ausgabebaugruppen

Eine Normierung der Busschnittstelle zur Einführung universell verwendbarer Ein- und Ausgabebaugruppen hat sich wegen der unterschiedlichen Prozessorkonzepte nicht durchgesetzt. Als weitere Schnittstelle bietet sich die Trennlinie S1 in Bild 6.7 an. Ihre Lage zwischen dem prozessorspezifischen Teil der Baugruppe und dem von den verwendeten Funk-

tionselementen abhängigen Teil ermöglicht die prozessorunab-
hängige Ankopplung standardisierter Module.

Bild 6.8 zeigt eine prinzipielle Lösung, wobei als Parame-
ter jeweils Spannung und Strom zur Prozeßseite (U_{PR} , I_{PR})
bzw. zur speicherprogrammierbaren Steuerung (U_{SP} , I_{SP})
entsprechend den Schnittstellen S2 und S1 (Bild 6.8) dienen.

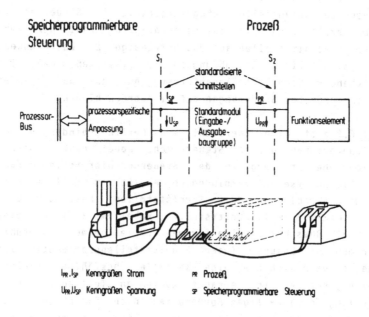

Bild 6.8: Standardisierbare Schnittstellen für
Ein- und Ausgabebaugruppen

6.2 Einordnung von Schnittstellen in der Steuerungshierarchie

Da auf Grund des Einsatzbereiches und der Aufgabenstellung
die speicherprogrammierbare Steuerung nicht mehr eindeutig
und nur an einer Stelle in die Steuerungshierarchie einge-
gliedert werden kann, kommt der Frage nach Art und Anzahl
der Schnittstellen eine wesentliche Bedeutung zu. Dies ist
vor allem aus Gründen der Standardisierung von Hardware und
der dadurch erzielbaren Kostenreduzierung, aber auch aus
Gründen der universellen Integrierbarkeit in Steuerungssy-
steme verständlich. Ziel ist es deshalb, die Zahl der verfügbaren Schnittstellen auf das Notwendige zu beschränken,
sie jedoch in ihrer Ausführung so zu gestalten, daß alle
bestehenden Schnittstellenanforderungen zu über- oder
gleichgeordneten Steuerungen erfüllt werden können.

Bild 6.9 gibt eine Übersicht von Geräteverbindungen für
speicherprogrammierbare Steuerungen, wobei deren unterschiedliche Stellung in der Steuerungshierarchie erfaßt
ist. Die Analyse der Verbindungen ergibt im Fall A eine
maximale Anzahl von drei Schnittstellen, bei Strukturen
nach B maximal zwei Schnittstellen, wobei im Fall B1 eine
davon als Busschnittstelle für mehrere Teilnehmer ausgeführt
sein muß. Die Lösung dieser Schnittstellenproblematik ist
gegeben, wenn sich über eine serielle, busfähige Schnittstelle jeder der in Betracht kommenden Teilnehmer unter
Erfüllung der jeweiligen Forderungen nach Datenrate, Entfernung und Störsicherheit mit der speicherprogrammierbaren
Steuerung verbinden läßt.

Eine Lösung bietet die Verwendung der Schnittstelle RS 485
/43/. Mit ihr können bis zu 32 Geräte an einer gemeinsamen
Leitung betrieben werden. Damit lassen sich dezentrale
Steuerungsstrukturen, wie sie bei verketteten Fertigungseinrichtungen gefordert werden, aufbauen, wobei der Netzwerks-
aufbau einfach und kostengünstig ist. Die bei der maximal

zulässigen Kabellänge von 1200 Metern noch erreichbare Datenrate von 100 kByte pro Sekunde ist zur Datenübertragung in solchen Systemen ausreichend.

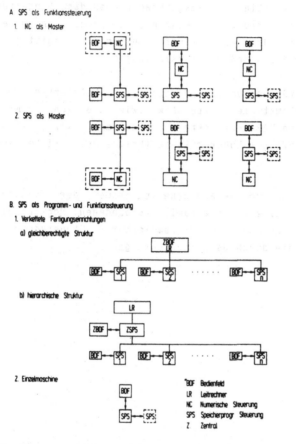

<u>Bild 6.9</u>: Steuerungshierarchie und Schnittstellen für speicherprogrammierbare Steuerungen

Der Ersatz paralleler Bussysteme für kurze Entfernungen kann ebenfalls mit dieser Schnittstelle bewerkstelligt werden, da bis zu einer Entfernung von 10 Metern Datenraten von 10 MBit pro Sekunde erreichbar sind, was etwa 100 Zei-

chen pro Millisekunde entspricht. Diese Datenraten sind
beispielsweise erforderlich, um in Abhängigkeit von on-line
identifizierten Werkstücken Programme zu laden oder bei
dezentralen Ein- und Ausgabebaugruppen das Einhalten einer
kurzen Zykluszeit zu gewährleisten. Da es sich um ein sym-
metrisches Übertragungsverfahren handelt, ergibt sich außerdem ein hohes Maß an Störsicherheit.

Die Einführung von standardisierten Netzwerken im Bereich
der Automatisierungstechnik, wie sie von dem bereits
erwähnten MAP-Arbeitskreis vorgenommen wird, werden sich
in Zukunft auf höherer Ebene (Leittechnik) sicher durchset-
zen.

Auf der unteren Geräteebene ist jedoch der Einsatz dieser
Schnittstelle und die damit verbundenen Möglichkeiten der
Integration speicherprogrammierbarer Steuerungen in die
Hierarchie durchaus gerechtfertigt.

7 Zusammenfassung

Der Einsatz speicherprogrammierbarer Steuerungen in verschiedenen Ebenen der Steuerungsstruktur von Fertigungseinrichtungen stellt neue Anforderungen an deren Eigenschaften in gerätetechnischer und programmtechnischer Hinsicht. Ausgehend von den unterschiedlichen Einsatzgebieten
und Steuerungsprinzipien sowie von grundlegenden Betrachtungen über die Informationsverarbeitung wird eine wertende
Übersicht bestehender und geforderter Kenngrößen für speicherprogrammierbare Steuerungen erstellt und die Wechselbe-
ziehung unter diesen Kenngrößen aufgezeigt.

Zur Ableitung von Realisierungskonzepten für zukünftige
speicherprogrammierbare Steuerungen wird eine Analyse von
Fertigungseinrichtungen vorgenommen, die schwerpunktmäßig
die maschinenbaulichen Funktionsgruppen und die zu reali-
sierenden Funktionen enthält. Die Verkettung von Steuerungen
und Fertigunseinrichtungen und ihre Auswirkungen auf die
jeweiligen Schnittstellen und die Anforderungen an die
Bedienung und Programmierung unter Berücksichtigung anwen-
derspezifischer Gesichtspunkte vervollständigen die Analyse.

Bei den ermittelten Anforderungen wird schwerpunktmäßig die
Programmierung in den Vordergrund gestellt. Der bei speicherprogrammierbaren Steuerungen vorhandene Grundsatz der
Anwendungsorientierung wird dabei fortgesetzt bis zur Definition einer neuen Programmiersprache unter Verwendung
eines systematischen Entwurfsverfahrens und einer hierar-
chischen Programmstruktur.

Die Sprache stellt durch geeignete Sprachelemente den direkten Bezug zur Fertigungseinrichtung her und wirkt in
ihrer Abarbeitung infolge der ausschließlichen Auswertung
aktueller Prozeßzustandsgrößen zeitlich selbstoptimierend.
Aspekte der Transparenz und Effektivität bei der Program-

mierung und Programmabarbeitung sowie ein Einsatz im maschinennahen Bereich sind somit berücksichtigt.

Nur durch die Verbesserung und Weiterentwicklung von Verfahren zur Programmerstellung für speicherprogrammierbare Steuerungen unter Verwendung anwendungsbezogener, höherer Programmiersprachen, kann auch der durch die Mikroelektronik begünstigte Vorteil neuer Steuerungsentwicklungen voll ausgenützt werden. In beidem zusammen liegt der Schlüssel zur weiteren Steigerung der Produktivität durch größere Zuverlässigkeit, Sicherheit und Flexibilität automatisierter Fertigungseinrichtungen.

Schrifttum

/1/ Stute, G.
Funktionssteuerungen und Antriebe für Fertigungseinrichtungen.
wt-Z. ind. Fertig. 72 (1982) 4,
S. 65...72

/2/ Herrscher, A.
Flexible Fertigungssysteme: Entwurf und Realisierung prozeßnaher Steuerungsfunktionen.
ISW 35. Berlin, Heidelberg, New York: Springer Verlag, 1982

/3/ Stute, G.,
Storr, A.
Schwager, J.
Bedienung und Überwachung in automatischen Fertigungseinrichtungen.
Fertigungstechnik und Betrieb (1982) 12, S. 723...735

/4/ DIN 19237
(Vornorm)
Steuerungstechnik, Begriffe.
Februar 1980

/5/ Schimmele, A.
Rechnerunterstützter Entwurf von Funktionssteuerungen für Fertigungseinrichtungen.
ISW 41. Berlin, Heidelberg, New York: Springer Verlag, 1982

/6/ König, H.
Entwurf und Strukturtheorie von Steuerungen für Fertigungseinrichtungen.
ISW 13. Berlin, Heidelberg, New York: Springer Verlag, 1976

/7/ Mollath, G.
Neues zum Stand der Technik von SPS. VDI-Bericht Nr. 481, S. 1...11.
Düsseldorf: VDI-Verlag, 1983

/8/   Dworatschek, S.   Grundlagen der Datenverarbeitung.
                           Berlin, New York: de Gruyter, 1977

/9/   DIN 44300   Informationsverarbeitung, Begriffe.
                           März 1972

/10/   DIN 19239   Steuerungstechnik. Speicherprogram-
                           mierte Steuerungen. Programmierung
                           Januar 1985

/11/   VDI 2880   Speicherprogrammierbare Steuerungs-
                           geräte. Blatt 1 bis 4
                           Dezember 1982

/12/   DIN 40719   Schaltungsunterlagen.
                           Teil 2: Kennzeichnung von elek-
                           trischen Betriebsmitteln. Juni 1978
                           Teil 3: Regeln für Stromlaufpläne
                           der Elektrotechnik. April 1979
                           Teil 6: Regeln und graphische Sym-
                           bole für Funktionspläne. März 1977

/13/   Lauber, R.   Prozeßautomatisierung I: Aufbau und
                           Programmierung von Prozeßrechensy-
                           stemen.
                           Berlin,   Heidelberg,   New   York:
                           Springer Verlag, 1976

/14/   Stute, G.;   Programmierbare Steuerung in einem
        Fink, H.;   Mehrprozessorsteuersystem.
        Renn, W.   VDI-Bericht Nr. 327, S.   23...27
                           Düsseldorf: VDI-Verlag, 1978

/15/   Mombauer, N.;   Programmierbare Steuerungen (PC);
        Klingenberg, G.   Funktion, Einsatzbereiche, Anwender-
                           erfahrung.
                           Aachen: WZL Selbstverlag, 1976

/16/ Färber, G.   Mikroelektronik-Entwicklungstenden-
                         zen und Auswirkungen auf die Auto-
                         matisierungstechnik. rtp rege-
                         lungst. Praxis 24 (1982) 10,
                         S. 326...336

/17/ Roersch, P.   Universelle Datenschnittstellen von
                         speicherprogrammierbaren Steuerungen.
                         Markt & Technik (1982) 4, S. 28...35

/18/ MAP   MAP-Netzwerke als Kommunikationsbrücke.
                         Ind.-Anz. Nr. 71 (1985),
                         S. 26...27

/19/ Fink, H.;   Entwicklung einer programmierbaren
     Okaya, O.M.   Steuerung für Werkzeugmaschinen.
                         wt-Z. ind. Fertig. 68 (1978) 6,
                         S. 342...346

/20/ Stute, G.   Der Einfluß neuer Steuerungsentwick-
                         lungen auf die Fertigungstechnik.
                         wt-Z. ind. Fertig. 70 (1980) 4,
                         S. 261...271

/21/ Röhrle, J.;   Modular- und Kompaktbauweise von
     Baars, H.   Steuerungen.
                         wt-Z. ind. Fertig. 74 (1984),
                         S. 167...170

/22/ DIN 66000   Mathematische Zeichen der Schaltal-
                         gebra. Juni 1975

/23/ DIN 66001   Sinnbilder für Datenfluß- und Pro-
                         grammablaufpläne. September 1977

/24/ DIN 40700   Teil 14:   Schaltzeichen. Digitale
                         Informationsverarbeitung. Juli 1976

/25/ VDI 3260   Funktionsprogramme von Arbeitsma-
                      schinen und Fertigungsanlagen.
                      Juli 1977

/26/ Mombauer, N.   Programmierbare Steuerungen (PC)
                      -Stand der Technik und neuere Ent-
                      wicklungen. HGF-Kurzberichte (Lose-
                      Blatt-Sammlung) 76/99. Essen:
                      Girardet-Verlag

/27/ VDI 3429   Numerisch gesteuerte Arbeitsmaschinen.
                      Verkürzung der Inbetriebnahme von
                      numerisch gesteuerten (NC) Werk-
                      zeugmaschinen. Blatt1: Prüfung der
                      Funktionsgruppen. April 1980

/28/ DIN 66025   Programmaufbau für numerisch ge-
                      steuerte Arbeitsmaschinen. Feb. 1972

/29/ Harig, K.   Quantisierung im Lageregelkreis.
                      Umdruck zum Seminar: "Die Lageregel-
                      ung an numerisch gesteuerten Ma-
                      schinen". Selbstverlag der Freunde
                      und ehemaligen Mitarbeiter des ISW,
                      Stuttgart, Oktober 1983

/30/ Engelhard, D.   Instandhaltungsfreundliche Fehler-
                      diagnose.
                      VDI-Berichte Nr. 481, S. 27...34
                      Düsseldorf: VDI-Verlag, 1983

/31/ Eißler, W.   Automatisierte Überwachungsverfahren
                      für Fertigungseinrichtungen mit spei-
                      cherprogrammierbaren Steuerungen.
                      IPA 58. Berlin, Heidelberg, New York,
                      Tokyo: Springer Verlag, 1983

/32/ Schwager, J.   Diagnose steuerungsexterner Fehler
                an Fertigungseinrichtungen.
                ISW 48. Berlin, Heidelberg, New York,
                Tokyo: Springer Verlag, 1983

/33/ Leonards, F.   Speicherprogrammierte Steuergeräte in
                Produktionsanlagen des Automobilbaus.
                VDI-Bericht Nr. 396, S. 47...53
                Düsseldorf: VDI-Verlag, 1981

/34/ Hänsel,W.   Beitrag zur Technologie des Dreh-
                prozesses im Hinblick auf Adaptive
                Control.
                Dissertation RWTH Aachen, 1974

/35/ Pritschow, G.   Ein Beitrag zur technologischen
                Grenzregelung bei der Drehbearbei-
                tung.
                Dissertation TU Berlin, 1972

/36/ Autorenkollektiv Prozeßnahe Meßtechnik für die auto-
                matische Fertigung.
                Tagungsband Aachener Werkzeugma-
                schinenkolloquium 84.

/37/ Kohler, P.   Rechnergeführte Meßwerterfassung
                und -auswertung in der Bearbei-
                tungsmaschine. HGF-Kurzberichte
                (Lose-Blatt-Sammlung) 80/13.
                Essen: Girardet-Verlag

/38/ Rieger, K.-H.   Rechnerunterstützte Projektierung
                der Hard- und Software von speicher-
                programmierten Steuerungen.
                ISW 55. Berlin, Heidelberg, New York,
                Tokyo: Springer Verlag 1985

/39/ Fleckenstein, J.   Grafeninterpreter für die Abarbeitung von Funktionssteuerprogrammen
in Mikroprozessorsteuerungen.
HGF-Kurzberichte (Lose-Blatt-Samm-
lung) 82/40. Essen: Girardet-Verlag

/40/ VDI 3422   Numerisch gesteuerte Arbeitsmaschinen. Nahtstelle zwischen der nume-
rischen Steuerung (NC) und der Anpaßsteuerung. März 1972

/41/ Waller, S.   Internationaler Stand von Steuerungstechnik und technischer Informationsverarbeitung. wt-Z. ind.
Fertig. 73 (1983),
S. 287 ... 290

/42/ Storr,A.;   Stand und weiterführende Aufgaben
    Walker,B.;   bei dem modularen Mehrprozessor-
    Frank,H.   steuersystem.
wt-Z. ind. Fertig. 74 (1984) 12,
S. 733...735

/43/   RS 485
Schnittstellennorm nach EIA

ISW Forschung und Praxis

Berichte aus dem Institut für Steuerungstechnik der Werkzeugmaschinen und Fertigungseinrichtungen der Universität Stuttgart

Herausgegeben bis Band 57 von Prof. Dr.-Ing. G. Stute †
ab Band 58 von Prof. Dr.-Ing. G. Pritschow

ISW 26: L. Schenke, Auslegung einer technologisch-geometrischen Grenzregelung für die Fräsbearbeitung, 113 S., 1979

ISW 27: H. Wörn, Numerische Steuersysteme-Aufbau und Schnittstellen eines Mehrprozessorsteuersystems, 141 S., 1979

ISW 28: P. B. Osofisan, Verbesserung des Datenflusses beim fünfachsigen NC-Fräsen, 104 S., 1979

ISW 29: J. Berner, Verknüpfung fertigungstechnischer NC-Programmiersysteme, 101 S., 1979

ISW 30: K.-H. Böbel, Rechnerunterstütze Auslegung von Vorschubantrieben, 113 S., 1979

ISW 31: W. Dreher, NC-gerechte Beschreibung von Werkstücken in fertigungstechnisch orientierten Programmiersystemen, 105 S., 1980

ISW 32: R. Schurr, Rechnerunterstützte Projektierung hydrostatischer Anlagen, 115 S., 1981

ISW 33: W. Sielaff, Fünfachsiges NC-Umfangsfräsen verwundener Regelflächen. Beitrag zur Technologie und Teileprogrammierung, 97 S., 1981

ISW 34: J. Hesselbach, Digitale Lageregelung an numerisch gesteuerten Fertigungseinrichtungen, 111 S., 1981

ISW 35: P. Fischer, Rechnerunterstützte Erstellung von Schaltplänen am Beispiel der automatischen Hydraulikplanzeichnung, 111 S., 1981

ISW 36: U. Ackermann, Rechnerunterstützte Auswahl elektrischer Antriebe für spanende Werkzeugmaschinen, 118 S., 1981

ISW 37: W. Döttling, Flexible Fertigungssysteme – Steuerung und Überwachung des Fertigungsablaufs, 105 S., 1981

ISW 38: J. Firnau, Flexible Fertigungssysteme – Entwicklung und Erprobung eines zentralen Steuersystems, 112 S., 1982

ISW 39: A. Herrscher, Flexible Fertigungssysteme – Entwurf und Realisierung prozeßnaher Steuerungsfunktionen, 103 S., 1982

ISW 40: U. Spieth, Numerische Steuersysteme – Hardwareaufbau und Ablaufsteuerung eines Mehrprozessorsteuersystems, 115 S., 1982.

ISW 41: A. Schimmele, Rechnerunterstützter Entwurf von Funktionssteuerungen für Fertigungseinrichtungen, 106 S., 1982

ISW 42: M. Sanzenbacher, NC-gerechte Beschreibung von Werkstücken mit gekrümmten Flächen, 105 S., 1982.

ISW 43: W. Walter, Interaktive NC-Programmierung von Werkstücken mit gekrümmten Flächen, 112 S., 1982.

ISW 44: J. Huan, Bahnregelung zur Bahnerzeugung an numerisch gesteuerten Werkzeugmaschinen, 95 S., 1982.

ISW 45: H. Erne, Taktile Sensorführung für Handhabungseinrichtungen – Systematik und Auslegung der Steuerungen, 111 S., 1982.

ISW 46: D. Plasch, Numerische Steuersysteme – Standardisierte Softwareschnittstellen in Mehrprozessor-Steuersystemen, 112 S., 1983

ISW 47: Z. L. Wang, NC-Programmierung – Maschinennaher Einsatz von fertigungstechnisch orientierten Programmiersystemen, 103 S., 1983

ISW 48: J. Schwager, Diagnose steuerungsexterner Fehler an Fertigungseinrichtungen, 121 S., 1983

Die Bände ISW 1 – ISW 45 sind vergriffen.

Springer-Verlag Berlin Heidelberg GmbH